高等院校素质教育通选课教材

居室环境与健康

韩如冰　唐中华　主　编
李先碧　邹国荣　副主编

中国建筑工业出版社

图书在版编目(CIP)数据

居室环境与健康/韩如冰,唐中华主编. —北京:中国建筑
工业出版社,2015.2

高等院校素质教育通选课教材

ISBN 978-7-112-17533-8

Ⅰ. ①居… Ⅱ. ①韩… ②唐… Ⅲ. ①居室环境—关系
—健康—高等学校—教材 Ⅳ. ①X21

中国版本图书馆 CIP 数据核字(2014)第 274644 号

本书通过对居室污染物的化学、物理、生物等因素与成分、来源及其对人体健康
影响的分析论证,详细剖析了居室环境因素对人体健康影响的因果关系,就其污染物
特征及环境因素对居室环境污染的综合控制方法做了比较详细的讲解。最后详细阐述
了建立安全健康的居室环境、保障居室环境安全等相关措施。

本书是一本科普性读物,主要适用于一般人群的科学知识普及,同时也适用于理
学、工学、医学、农学等各个专业本专科学生的通识教育作教材,也可用于对居室环
境与健康感兴趣的文科、法律、外语、艺术类学生作辅修教材。

责任编辑:姚荣华 张文胜

责任设计:董建平

责任校对:李欣慰 关 健

高等院校素质教育通选课教材
居室环境与健康
韩如冰 唐中华 主 编

李先碧 邹国荣 副主编

*

中国建筑工业出版社出版、发行(北京西郊百万庄)

各地新华书店、建筑书店经销

北京永峥排版公司制版

北京建筑工业印刷厂印刷

*

开本:787×1092毫米 1/16 印张:9 字数:222千字

2015年1月第一版 2017年11月第三次印刷

定价:**22.00**元

ISBN 978-7-112-17533-8

(26709)

本书编委会

前　言

我国是人口众多、幅员辽阔的发展中国家，随着我国综合国力的不断增强，国民经济和人民生活水平得到显著提高，居民住房条件、办公条件以及其他室内环境得到很大程度改善。然而，由于建筑材料的质量、建筑行业的管理、法律法规的执行力度以及建筑装修（饰）行业人员缺乏环境保护意识和理念等方面存在一些问题，使得居室环境污染对人体健康造成了不可忽视的影响。室内空气污染物对人体健康的影响随即成为一个重要的问题。

人类有80%～90%的时间是在室内度过的，现代人们的工作、学习和休息时间大部分都在室内，居室环境和人类的健康密不可分，所以室内环境自然成为人们关注的焦点。专家指出，现在室内污染比室外更为严重、更为突出，危害也更大、更直接。所以，现代人的健康在很大程度上受到居室污染的危害，可以说人体生命也因此受到了严重威胁。只有提高人们的环境保护意识，重视居室环境质量，减少居室环境污染，才能有效地保障人们的身体健康。显然如何使人们保障自己身体健康并处在一个相对安全舒适的环境变得尤为重要。

本书通过对居室污染物的化学、物理、生物等因素与成分、来源及其对人体健康影响的分析论证，详细剖析了居室环境因素对人体健康影响的因果关系，就其污染物特征及环境因素对居室环境污染的综合控制方法做了比较详细的讲解。最后详细阐述了建立安全健康的居室环境、保障居室环境安全等相关措施。

本书是一本科普性读物，主要适用于一般人群的科学知识普及，同时也适用于理学、工学、医学、农学等各个专业本专科学生的通识教育教材，也可用于对居室环境与健康感兴趣的文科、法律、外语、艺术类学生作辅修教材。

本书由西南科技大学土木工程与建筑学院韩如冰、唐中华担任主编，李先碧、邹国荣担任副主编。参与本书编写工作的有：西南科技大学刘东（第1章）、韩如冰（第2.1，2.2节、第3.1，3.2节）、邹国荣（第2.3，2.4节、第4章）、李先碧（第6章、第9章）、唐中华（第5章）、马立（第7章）、王令（第8章）、崔勇利（第10章）、四川电力设计咨询有限责任公司徐志茂（第3.3，3.4，3.5节）。

此外，参与文字输入和资料查询的有卿玉涛、范闯、张沥、苟泽川、于超等学生。在此，谨向所有参加和支持本书编撰的各位同仁和朋友表示衷心感谢，向本书所参考和引用文献资料的原作者们致以诚挚谢意。

鉴于编者知识范围和学术水平的局限性，书中肯定存在不少错误、不足和疏漏，恳请各位读者予以批评指正。

目　录

第 1 章　居室环境与健康概论 …………………………………………………… 1

1.1　环境与健康的关系 ……………………………………………………… 1

1.2　居室环境与健康 ………………………………………………………… 7

1.3　居室环境评价 …………………………………………………………… 10

1.4　室内环境标准体系 ……………………………………………………… 11

1.5　居室环境与健康发展现状 ……………………………………………… 12

第 2 章　居室环境中的物理因素对人体健康的影响 ………………………… 15

2.1　噪声 ……………………………………………………………………… 15

2.2　辐射 ……………………………………………………………………… 19

2.3　光环境 …………………………………………………………………… 25

2.4　其他物理因素 …………………………………………………………… 28

第 3 章　居室中的化学因素对人体健康的影响 ……………………………… 31

3.1　可吸入颗粒物（IP）……………………………………………………… 31

3.2　化学物质 ………………………………………………………………… 34

3.3　氟（F）污染 …………………………………………………………… 45

3.4　厨房油烟污染 …………………………………………………………… 47

3.5　吸烟污染 ………………………………………………………………… 49

第 4 章　居室中生物污染对人体健康的影响 ………………………………… 57

4.1　居室中生物污染的种类及来源 ………………………………………… 57

4.2　室内空气生物污染的危害性和特点 …………………………………… 58

4.3　宠物与人体健康 ………………………………………………………… 61

第 5 章　居室污染物综合控制 ………………………………………………… 67

5.1　污染物源头治理 ………………………………………………………… 67

5.2　通风 ……………………………………………………………………… 69

5.3　空气净化处理 …………………………………………………………… 74

5.4　室内声光电污染的控制措施 …………………………………………… 76

5.5　居室污染物的其他控制措施 …………………………………………… 78

第6章　居室人工环境与人体健康 ················· 81

6.1　室内热、湿、风环境的影响 ················· 81

6.2　室内热、湿、风环境的控制 ················· 86

6.3　人工环境的热舒适性评价体系 ············· 89

第7章　生活用品污染及危害 ················· 91

7.1　化妆品 ································· 91

7.2　塑料用品 ······························· 93

7.3　织物用品 ······························· 96

7.4　金属制品 ······························· 97

7.5　食品的不安全因素 ······················· 100

7.6　其他生活用品污染 ······················· 105

第8章　建立健康的居室环境 ················· 108

8.1　健康居室 ······························· 108

8.2　营造健康居室 ··························· 109

8.3　居室绿化 ······························· 111

第9章　居室环境安全 ······················· 116

9.1　居室环境安全 ··························· 116

9.2　建筑消防 ······························· 117

9.3　防排烟 ································· 121

9.4　流行病控制与隔离 ······················· 122

9.5　疏散和逃生 ····························· 124

第10章　居室装饰环境与空间美学 ············· 128

10.1　室内色彩搭配 ························· 128

10.2　空间美学 ····························· 130

10.3　室内设计组织 ························· 132

10.4　营造温馨居室 ························· 135

第1章　居室环境与健康概论

1.1　环境与健康的关系

环境与健康的关系是研究人类活动造成的各种环境污染因素对人体健康损害的机理和相应的预防措施。环境与健康的关系问题与许多领域的学科有关，比如，环境物理学、环境化学、环境微生物学、环境医学、环境放射学、纺织工艺学、食品加工学、建筑材料学、植物种植学、动物养殖学等。因此，对环境与健康关系的认识是各相关学科专业知识聚集合成的综合整体。

在世界卫生组织章程序言中，健康是指体格上、精神上、社会上的完全安逸状态，而不只是没有疾病、身体不适或不衰弱。所以，健康不仅指一个人没有疾病或虚弱现象，还包括一个人生理上、心理上和社会上的完好状态，即包括生理、心理和社会适应三个方面。社会适应性取决于生理和心理的素质状况。身体健康是心理健康的物质基础，心理健康则是身体健康的精神支柱，良好的情绪状态可以使生理功能处于最佳状态，反之则会降低或破坏某种功能而引起疾病。身体状况的改变可能带来相应的心理问题，生理上的缺陷、疾病，特别是痼疾，往往会使人产生烦恼、焦躁、忧虑、抑郁等不良情绪，导致各种不正常的心理状态。

1.1.1　大气环境

大气是由多种气体、水分及杂质共同组成的。大气中除去水汽和各种杂质的混合气体称为干洁空气。干洁空气的主要成分是氮、氧、氩和二氧化碳，这4种气体占空气总容积的99.98%，而氖、氦、氪、氙、臭氧等稀有气体的总含量不足0.02%。干洁空气各成分间的百分比从地面到85km高度间，基本上稳定不变。85km以上的高层大气中，由于对流、湍流运动受到抑制，分子的扩散作用超过湍流扩散作用，大气的组成受地球重力的分离作用，氢、氦等较轻成分的百分比相对增多，气体间的混合比趋于不稳定。水汽是低层大气中的重要成分，含量不多，只占大气总容积的0~4%，是大气中含量变化最大的气体。杂质是悬浮在大气中的固态、液态的微粒，主要来源于有机物燃烧的烟粒、风吹扬起的尘土、火山灰尘、宇宙尘埃、海水浪花飞溅起的盐粒、植物花粉、细菌微生物以及工业排放物等。杂质大多集中在大气底层，其中大的颗粒很快降回地表或被降水冲掉，小的微粒通过大气垂直运动可扩散到对流高层，甚至平流层中，能在大气中悬浮1~3年，甚至更长时间。大气杂质对太阳辐射和地面辐射具有一定的吸收和散射作用，影响着大气温度的变化。杂质大部分是吸湿性的，往往成为水汽凝结核心。

大气层位于地球的最外层，介于地表和外层空间之间，受宇宙因素作用和地表过程影响，形成了特有的垂直结构。根据大气层垂直方向上温度和垂直运动的特征，一般把大气层划分为对流层、平流层、中间层、热层和散逸层五个层次。

作为生活在大气环境中的人，都会受到大气环境的制约和影响。人的一生要生活和经历不同的环境，涉及居住环境、学校环境、职业环境、公共场所环境、交通环境等，核心还是居住环境。人类生活在环境中，不断地与环境进行物质、能量、信息的交换，人机体具有的调节和适应能力使机体能与不断变化着的外环境保持平衡。

1.1.2　环境污染对健康影响的特点

环境污染对健康影响的特点可以归纳为以下几个方面：

1. 环境因素复杂，接触人群广泛

对人体健康产生危害的环境因素很多，对人体影响的形式很多，又对各种人群都产生影响，从而使环境与健康问题研究的领域非常广泛，比如人群中有老、幼、病、弱等。各种人群对污染物的敏感性差异很大，年龄、健康状况等均会影响机体对污染物的耐受性，如儿童对二氧化硫、颗粒物较敏感；具有过敏体质的人，容易发生变态反应性疾病；心血管患者对一氧化碳的敏感性较一般人为高。因此，对一种环境因素进行研究时，必须考虑到各种人群的反应情况。

2. 环境中有多种污染物共存，反应机理复杂

室内空气中经常有多种污染物共存，污染物之间组成比例受时间、温度、湿度等多种因素的影响不断变化，各种因素之间同时呈现协同、相加、拮抗等不同类型的联合作用，在很多情况下，对人体的作用机制非常复杂。因此，许多环境与健康问题的研究就变得特别困难。

3. 环境污染对人体健康的影响，隐性且潜伏期长

环境污染有可能出现急性爆发疾病，使大量人群在短时期内发病，甚至死亡，对这类问题容易引起人们的警觉，并且很快会采取措施加以解决。但在更多情况下，环境污染物浓度较低，人体反应不明显、不典型，只有在此环境中停留时间较长，才会发生慢性"中毒"的情况，有的还可能累及胎儿，危及后代。对这类环境与健康的问题发现困难，研究困难，解决也困难。

由于上述原因，我们对许多环境与健康问题的认识，处于不清楚的阶段，如环境污染对人体健康危害的有些发病机制至今还不十分清楚，许多情况下缺乏特效疗法，甚至有些环境污染物的组分、形成机制、变化规律等还不清楚，给防治工作带来困难。最典型的例子是美国杜邦公司利用特氟隆材料生产不粘锅，在市场上使用了许多年后，美国国家环保局投入大量人力、财力，经过多年的研究后宣布，这种锅在使用温度超过 $250℃$ 时，才有可能产生有害物质，但不影响一般使用。

随着科学技术发展，新技术、新工艺、新产品层出不穷，工艺和产品对人体健康的影响，需要较长时间的检验才被发现。因此，环境污染对人体健康的危害，具有长期性的特点。

1.1.3　环境污染的特性

环境因素是影响人体健康的一个重要因素，环境污染物又是环境因素中一个最重要内容。环境污染物对人体健康危害程度主要取决于污染物的理化特性、接触剂量或强度、作用时间、个体感受性差异以及环境污染物的共同作用等。

1. 污染物的理化特性

环境污染物的理化性质决定着污染物的毒性强弱，即环境污染物虽然浓度很低或污染量很小，但如果污染物的毒性较大，仍可造成对人体健康的危害。例如，氰化物的毒性很大，表现为中毒剂量很低，一旦氰化物污染了水源，即使其含量很低，也会产生明显的危害作用。还有一些毒物如汞、砷、铬、有机氯等污染水体后，虽然其浓度并不很高，但这些物质在水生生物中可通过食物链逐级浓集。比如，汞的各级生物浓集，可使在大鱼体内的含汞量较海水中汞的浓度高出数千倍甚至数万倍，人食用后可产生较大的危害。

2. 剂量与效应（反应）关系

剂量与效应关系是指一种外来化合物剂量与个体或群体呈现某种效应的定量强度，或平均定量强度之间的关系。该关系表明随暴露剂量增加引起机体效应严重程度不同的规律，暴露剂量不同，导致机体效应的严重程度也可能不同。例如，一氧化碳可引起机体缺氧，随着一氧化碳浓度的增加，可引起呼吸困难、昏迷甚至死亡。有的效应只在易感人群中才表现出来；有的效应则超过医学检查的正常值，但机体具有代偿能力；严重的效应可引起病理变化。凡超过正常生理范围的效应，均对机体显示出损害作用。而有的效应只能用发生或不发生来表示，如死亡和肿瘤的发生或不发生。剂量的反应关系是指人群中某种健康效应的发生率随暴露因素的剂量增加而呈规律的变化。例如，人群受砷污染可引起慢性砷中毒。随着砷浓度的增加，慢性砷中毒患病率也相应增加。剂量与反应关系可以用曲线表示，常见的剂量与反应（效应）曲线有直线、抛物线、S形曲线等形式。大多数的剂量与反应关系曲线呈S形，即剂量开始增加时，反应变化不明显。

3. 污染物作用时间

作用时间也是污染物影响人体健康的一个重要因素，特别是很多具有蓄积性的环境污染物。有些环境污染物对机体的危害并不是立即就显露出来，而是往往需要几年甚至更长时间。如大气中SO_2污染对人群健康的关系，随着SO_2暴露时间延长，对人群健康机能性损伤逐渐加重。由于许多污染物具有蓄积性，只有在体内蓄积达到中度阈值时才会产生危害。因此，蓄积性毒物对机体作用的时间越长，则其在体内的蓄积量越多。

4. 个体感受性差异

环境是人类生存发展的物质基础，尽管各种环境因素作用于人群，但人群中对环境因素作用的反应程度是不一样的，呈现金字塔分布规律（见图1-1）。金字塔分布规律是指大多数人即使污染物负荷有所增加，也不会引起生理变化，处于金字塔底部；有些人稍有生理变化，但基本上属于正常调节范围，处于金字塔底部稍上层；有些人处于生理代偿状态，此时如果停止接触有害因素，机体就向着健康方向恢复，代偿调节而患病的人在总人群中只是少数，而死亡的人数比患病人数更少，处于金字

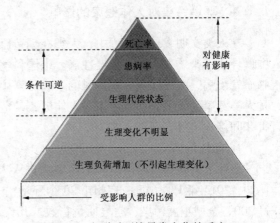

图1-1 人群对环境异常变化的反应
呈金字塔形分布

塔顶部。金字塔分布规律表明：在同一环境因素变化条件下，由于年龄、性别、健康状况、遗传因素等个人原因，有的人反应强烈，出现患病或者死亡；有的人则反应不敏感，不会出现异常现象。在同一污染环境中，高危人群比正常人出现健康危害早而且程度更严重。所有健康的人在其一生的不同年龄段，不同环境条件下，都有在某一时间处于高危险状态的可能。所以，在人体健康的环境评价中，及时发现个体的临床变化阶段对于预防疾病的发生具有重要意义。

5. 污染物共同作用

环境污染物污染环境，往往不是单一的，而是几种污染物共同作用或与其他物理化学因素同时作用于人体的结果。因此，环境污染物作用于人体必须考虑这些因素的联合作用和综合影响。污染物的联合作用可以增强毒害效果，也可以起抑制作用，概括起来主要包括相加作用、独立作用、协同作用和拮抗作用等。

（1）相加作用：指混合化学物质产生联合作用时的毒性为各单项化学物质毒性的总和。能够产生相加作用的化学物质，其理化性质往往比较相似或属于同系化合物，同时它们在体内作用受体、作用时间以及吸收排除时间基本一致。因此，它们的联合作用特征就表现为相加作用。如一氧化碳和氟利昂都能导致人体内缺氧等。

（2）独立作用：由于不同的作用方式或途径，每个同时存在的有害因素各自产生不同的影响。独立作用主要由于两种毒物的作用部位和机理不同所致，动物由于某单一毒物的作用引起中毒（或死亡），而不是由于两种毒物累加的影响。

（3）协同作用：当两种化学物同时进入机体产生联合作用时，其中某一化学物质可使另一化学物质的毒性增强，且其毒性作用超过两者之和。产生协同作用的机理一般认为是一个化合物对另外一个化合物的解毒酶产生了抑制所致，如有机磷酸化合物通过对胆碱酯酶的抑制而增加了另外毒物的毒性，氨类化合物通过对联氨氧化酶的抑制而产生增毒作用。同样，烃类化合物都是由于对微粒体酶的抑制而发生增毒作用。

（4）拮抗作用：一种化学物能使另一种化学物的毒性减弱，即混合物的毒性作用低于两种化学物的任何一种分别单独毒性作用。拮抗作用的机制被认为是体内对共同受体产生竞争作用所致。

1.1.4　环境污染对人体健康的影响

在人类文明发展的历程中，人类在创造巨大财富的同时也将大量有害物质排放到环境中，环境污染诱发人体各种慢性病。中国科学院提交的环境与健康报告显示：在痤疮、心脑血管疾病、糖尿病等高危病科的发病因素中，因环境而患病的约占75%。可见环境污染是人类健康的大敌。环境污染对人体健康的危害主要体现在急性危害、慢性危害、远期危害和间接危害等方面。

1. 急性危害

急性危害是在短时间内大量污染物进入人体所引起的快速、剧烈呈明显的中毒症状。比如，2014年1月6日，广州市29个环境空气质量信息发布点中，已经有18个点AQI超过200，全城重度污染，空气质量指数这几天严重下降，到6日到达一个低点，雾霾加重，呼吸内科、变态反应科和眼科都收治了大量的病人，中山六院呼吸内科主任陈正贤教授说这几天门诊病人至少增加1/3以上，住院病人增长10%～15%，而这其中空气质量对于呼吸系统疾病带来的影响是首当其冲的。广州医科大学附属第一医院变态反应科主任李靖教授也认为一般空气质量下降，门诊病人会相对增多一二成左右，一些原来病情控制较好的哮喘病人病情也会因为空气质量变差而出现反复，有的肺气肿病人会出现病情加重的情况。空气污染影响城市各类人群的呼吸道健康，引发各种呼吸道症状和疾病，尤其对于一部分有基础疾病的老年人以及对空气污染物致病效应反应明显的儿童。再如1971年7月13日17时许，某市冶炼厂镍冶炼车间，由于输送氯气的胶皮管破裂，造成氯气污染大气的急性中毒事件，使工厂周围284名居民受害；同时也使附近工厂受到影响，不能正常生产。这些都属于污染物的急性危害。

2. 慢性危害

低浓度的环境污染物长期少量作用于人体所造成的损害，也包括慢性中毒和慢性非特异性危害。这些危害主要通过毒物本身在体内的蓄积或毒物对机体微小损害的逐渐积累所致。环境污染引起的慢性中毒潜伏期长，可以是几个月、几年甚至是几十年，病情进展不明显，容易被人忽视。环境污染慢性所致的机体不良反应和损害后果，大多数不具有特异性损害性特征。发生在日本的"水俣病"、"痛痛病"是慢性中毒的典型例证。"水俣病"于1956年发生在日本熊本县水俣湾地区。经日本熊本大学医学院等有关单位研究证明，这种病是建立在水俣湾地区的水俣工厂排出的污染物造成的。工厂在生产乙醛时，用硫酸汞做催化剂（每生产1t乙醛，需要1kg硫酸汞），在硫酸汞催化乙炔的反应过程中，副产品甲基汞随废水进入水俣湾海域。同时也有无机汞排出，使鱼体内的汞量达到 20～30mg/kg（1956），甚至更高。大量吃这种含有甲基汞的鱼的居民即可患上此病，病情的轻重取决于摄入甲基汞的剂量，短期内进入人体内的甲基汞量大，发病就急。重症临床表现为：口唇周围和肢端呈现出神经麻木（感觉消失）、中心性视野狭窄、听觉和语言受障碍、运动失调，但慢性潜在性患者并不完全具备上述症状。据日本环境厅资料，水俣湾地区截至1979年1月被确认受害人数为1004人，死亡人数206人。此外，环境污染引起的慢性危害，还有镉中毒、砷中毒等。

环境污染对人体的急性和慢性危害的划分，只是相对的，不是绝对的。急性和慢性危害的划分主要取决于剂量-反应关系。如水俣病，在短期内吃入大量的甲基汞，也会引起急性危害。

3. 远期危害

环境污染物对人体的健康的远期危害主要包括致癌作用、致畸作用和致突变作用等。

（1）致癌作用　近几十年来，癌症的发病率和死亡率都在不断上升。据资料推测，人类癌症由病毒等生物因素引起的不超过5%，由放射线等物理因素引起的也在5%以下，由化学物质引起的约占90%。国际癌症研究中心（IARC）对癌症文献进行了系统的审查和评价，证明有流行病学调查确定对人致癌的化学物质有26种，经实验室研究确定致癌的化学物质有221种。在26种对人致癌的化学物质中，有8种是药物（比如，氯霉素、已烯雌酚、环磷酰胺、4-双氯乙胺-L-苯丙胺酸、睾丸甾酮、非那西丁、苯妥英和N、N-双（2-氯乙基）-2-苯胺）。有些是由于经常的职业接触致癌的，如联苯胺、苯、双氯甲醚、异丙油、镍、氯乙烯、铬（铬酸盐工业）、氧化镉等。随着工业污染物进入居住环境的致癌物有石棉、砷化合物、煤烟等。此外，在环境中还能经常接触一些促癌物，如二氧化硫、三氧化二钛等，它们能与致癌物同时作用于机体，增强致癌作用。

（2）致畸作用 致畸因素有物理、化学和生物学等因素。物理因素如放射性物质，可引起白内障、小头症等畸形。化学因素是近年来研究比较多的。有些污染物对人体有致畸作用，如甲基汞能引起胎儿性"水俣病"，多氯联苯（PCB）能引起皮肤色素沉着的"油症儿"。由于目前农药种类多，使用量大，在使用过程中对环境的污染和食物上的残留问题都较大，且多具有胚胎毒性，所以农药对人体也有致畸作用。生物学因素对母体怀孕早期感染的风疹等病毒，能引起胎儿畸形等。

（3）致突变作用 致突变作用是指环境污染物能引起生物体细胞的遗传信息和遗传物质发生突然改变的一种作用。这种作用引起变化的遗传信息或遗传物质在细胞分裂繁殖过程中，能够传递给子细胞，使其具有新的遗传特性。具有致突变作用的物质称为致突变物。突变本是生物界的一种自然规律，是生物进化的基础。然而对大多数生物个体来说，则往往是有害的。如果哺乳动物的生殖细胞发生突变，可能影响妊娠过程，导致不孕症或胚胎早死等；如果体细胞发生突变，则可能是形成肿瘤的基础；如果环境污染中的致突变物通过母体胎盘作用于胚胎，会引起胎儿畸形或行为异常。由此可见，环境污染物中的致突变物，作用于机体时，即认为是一种毒性的表现。

4. 间接效应

温室效应、酸雨和臭氧层破坏是大气污染衍生出的环境效应，具有明显的滞后性，往往在污染发生时不易被察觉或预料到，然而一旦发生就表示环境污染已经发生到相当严重的地步。比如，臭氧层破坏将增加人类皮肤癌和白内障的发病率，使人类的免疫系统受到损害；温室效应会引起冰川融化，带来频繁的暴风雨，而且会导致生物物种的减少，有时越冬细菌会更加活跃，进而影响人类健康等。环境污染的间接效应是无法预测的，也是很难治理的。

1.1.5 社会因素对人体健康的影响

对人体健康产生影响的，不只是环境污染，社会因素也会影响人体健康，特别是影响人的心理健康。社会因素包括社会心理因素、经济因素和文化因素等。

1. 社会心理因素

社会心理因素是指在特定的社会环境中，导致人们在行为乃至身体器官功能状态方面变化产生的因素。人的心理现象较为复杂，既包括认识、情感和意志等共性的特征，也包括能力、气质、性格和兴趣爱好等个性特征，这些特征都可能成为影响人们健康的因素。

社会心理因素对机体健康造成的影响，通过生理变化的各环节发生作用。当人们遭遇到某些紧张的社会事件时，心理上就会出现不安和紧张的情绪；当紧张事件消除后，紧张的情绪状态也会消失，如果紧张事件继续，这种紧张情绪就会持久存在。当紧张情绪持久存在引起一系列生理变化超过了人类自我调节功能时，就会对人体健康产生不良影响。

2. 社会经济因素

经济是满足社会人群基本需要的物质基础，社会经济的发展推动了卫生工作；卫生工作也同样推动着社会经济的发展，两者具有双向互动作用。第一，社会经济的发展是人群健康水平提高的根本保证，社会经济的发展促进人群健康水平的提高。第二，社会经济的发展也必须以人群健康为条件，人群健康水平的提高对推动社会经济的发展起着至关重要的作用。

3. 社会文化因素

社会文化因素包括教育、科学、艺术、道德、信仰、法律和风俗习惯等。

思想意识对健康的影响：思想意识的核心内容是世界观，其决定人们的其他观念。人的观念的形成，一方面来源于个人的生活经历和实践，另一方面来源于社会观念的影响，从而使思想观念具有个别性和社会普遍性。因此，由某种观念带来的健康的问题也表现出个别性和社会倾向性。不良的社会道德和观念可带来社会病态现象和健康问题——社会病。

风俗习惯对健康的影响：风俗习惯是历代相沿的规范文化，是一种无形的力量，约束着人们的行为，从而对健康发生着重要的影响。不良的风俗习惯可导致不良的行为，将直接危及和影响人群健康。

科学技术对健康的影响：科学技术的发展，改善了人们的工作环境和生活环境，改变了人们的生活方式，从而对个体和群体的身心健康发生着重大影响。

4. 社会其他方面

（1）人口与健康

人口的增长应与社会经济增长相协调。人口增长过快，生产积累减少，生活水平下降，健康水平降低，还会造成自然环境的破坏，加重环境污染，对健康造成威胁。

（2）卫生保健服务与健康

卫生保健服务是指卫生部门向社区居民提供适宜的医疗、预防、康复和健康促进等服务。在卫生保健服务中医疗质量、服务态度、医德和医疗作风等，对人群健康可产生重要影响。

（3）家庭因素与健康

家庭是社会的细胞，是维护健康的基本单位。通过优生、优育和计划生育可使人口数量得以控制，且保证人口质量，降低人群发病率。家庭成员和睦相处，有利于保持良好的生理和心理状态。良好的家庭生活习惯、卫生习惯可保证生活质量，增强体质，减少疾病。

1.2 居室环境与健康

1.2.1 居室规模

居室是人类为了防避各种不良气象条件的作用，采用各种建筑材料，通过各种建筑技术手段所建成的相对密闭的有限空间。居室是人们日常生活的重要场所，它不仅包括居住环境，还包括办公室环境、交通工具内环境、休闲娱乐等室内环境。本节居室规模主要针对住宅来讲。

一般的单元住宅，由2~4个居住房间加上其他辅助房间构成。居住房间包括寝室和日间活动室（比如餐厅、堂屋、门厅、走廊等）；辅助房间包括厨房、厕所、浴室、阳台以及储藏室等。为了确保居民的身体健康，居住条件应满足一定的卫生要求：比如房间的配置应当合理；具有能满足卫生要求的体积和面积；有必要的生活设施和良好的小气候条件；外部环境及充分的照明条件等。

居室的规模是由人的标准气体体积等因素所决定的。一个成人在从事轻劳动，如日常家务活动时，呼出的二氧化碳量约为 18 ~ 22L，这些二氧化碳弥散在居室空气中，其浓度不得超过每小时进入室内空气量的 0.1%。假如室内空气中二氧化碳含量标准为 0.1% 或 $1L/m^3$，大气中二氧化碳含量为 0.04% 或 $0.4L/m^3$，则一个人的标准气体体积约为 $33m^3$，扣除室内体积大的物体（如各种大型家具、火炕等），一般规定为每小时 $30m^3$。儿童则为成人的一半。

室高、室深、面积、容积等是居室规模的直观指标。

室高（净高）是指居室顶棚到地板的垂直高度。合理的室高、清洁的空气（在不受其污染的情况下）和良好的采光，可以使人有舒适感。对居住者来说，室高要给人以良好的空间感觉，使人保持良好的精神面貌和心理状态。室高过低会使人感觉压抑、不舒服；过高又会感到空虚、不经济（据认为，室高降低 10cm 的基建投资，可用于扩大建筑面积 1 ~ 2m²）。当然，居住者对净高的感觉还与当地的气候条件、过去的居住条件、习惯等因素有关。炎热地区的居民一般比寒冷地区的居民对净高有较高的要求，因为这和室内的热传导有关。例如武汉市的居民，当室高低于 2.8m 时，有 59.7% 的受调查者感觉过低，室高达到 2.8m 时，仍有 31.1% 的人感觉过低；而在哈尔滨，对于室高在 2.4m 时，有 35.2% 的居住者感觉良好，室高达到 2.6m 时，则有 71.6% 的居住者感觉良好。居室的不同净高与居室空气污染指标有着密切的关系。有实验说明，在不同净高的居室中和居室不同的高度空间中，二氧化碳浓度不同，这对健康有直接关系。如净高 2.4m 的居室空气中二氧化碳浓度在不同的高度均大于室内空气中二氧化碳的卫生标准 0.1%；但在 2.8m 净高的居室中，则不同高度的二氧化碳浓度均小于 0.1%，二者之间有显著性差异。我国《住宅设计规范》GB50096—2011 规定，普通住宅层高宜为 2.80m；卧室、起居室（厅）的室内净高不应低于 2.40m；局部净高不应低于 2.10m，且其面积不应大于室内使用面积的 1/3；利用坡屋顶内空间作卧室、起居室（厅）时，其 1/2 面积的室内净高不应低于 2.10m；厨房、卫生间的室内净高不应低于 2.20m；厨房、卫生间内排水横管下表面与楼面、地面净距不应低于 1.90m，且不得影响门、窗扇开启。

室深指外墙外表面至对面墙内表面间的距离，与通常所说"进深"意义略有不同。室深对居室形状、美学等都有影响，尤其对居室采光影响很大。室深与室高及室宽之间，应当保持一定的比例。室深与室高的比例，在单侧开窗的情况下，应为 2:1 的关系，即室深为室高的两倍，如果室高为 2.8m，则室深大约在 5 ~ 6m 之间。过小，房间显得狭窄；过大，则窗的对面墙上光线不理想。在双侧开窗时，室深与室高的比例为 4:1，即室深为室高的四倍。这种情况适合于单位住宅或集体宿舍等类居室，由于两面开窗，室内光线较好。至于室深与室宽的比例，一般以 2:3 或 3:4 较为适宜。

面积是居室规模中的重要指标。在人们衡量一个家庭的居住条件时，常常以面积作为主要标准。为保证人们生活方便，避免过分拥挤而产生卫生与流行病学上的不良影响，每个家庭需要有一定的居住面积。从卫生学和建筑学等各种因素来看，人均面积在 9m² 左右比较适宜。此值是指寝室和日间活动室含在一起的面积，寝室按每人 6m² 计，日间活动室按每人 3m² 计。在室内净高确定的条件下，面积也有一定的标准，因为室高确定以后，面积就成为构成室内容积的主要因素。而居室容积被认为是影响居住者身体健康的重要因素。按照《住宅设计规范》GB50096—2011 的规定，卧室之间不应穿越，卧室应有直接采光、自然通风，其使用面积不宜小于下列规定：双人卧室为 10m²；单人卧室为 6m²；兼起

居的卧室为 $12m^2$。起居室（厅）应有直接采光、自然通风，其使用面积不应小于 $12m^2$。起居室（厅）内的门洞布置应综合考虑使用功能要求，减少直接开向起居室（厅）的门的数量。起居室（厅）内布置家具的墙面直线长度应大于 $3m$。无直接采光的餐厅、过厅等，其使用面积不宜大于 $10m^2$。

居室容积是居室规模各有关指标的一项综合指标，对于居室空气质量和人的健康有直接关系。根据人的标准气体体积的要求，人均居住容积应在 $20 \sim 25m^3$。人均居室容积小，则室内空气中各种污染物限度增高。有人对我国长春、呼和浩特、唐山、太原、武汉、南阳及上海等城市净高分别为 $2.4m$、$2.6m$、$2.7m$ 等各种不同居室进行的污染监测结果表明，在人均居住容积有 $20m^3$ 时，室内二氧化碳的平均浓度为 0.09%，符合我国室内空气中二氧化碳含量的要求（$<0.1\%$）。居室容积对于室内温度的影响也较大，特别在我国北方冬季供暖季节更为明显。

1.2.2　居室环境污染

室内污染物来源广泛，种类繁多且各种污染物对人体的危害程度不同，居室环境污染体现以下几个特点。

1. 污染影响人群广

室内环境污染不同于特定的工矿企业环境，它包括居室环境、办公室环境、交通工具内环境、娱乐场所环境和医院疗养院环境等，故所涉及的人群数量大、范围广、几乎包括了整个年龄段。据统计，全球近一半的人处于室内空气污染中，室内环境污染已经引起 35.7% 的呼吸道疾病，22% 的慢性肺病和 15% 的气管炎、支气管炎和肺癌。

2. 污染接触时间长

人一生中至少有 3/4 的时间是在室内度过的，当人们长期暴露在有污染的室内环境时，污染物对人体的作用时间相应的也很长。

3. 污染物浓度高

无论是楼房还是平房，不管使用何种生活燃料（煤、液化气等），如果不采取防治措施，都难免会受到一定程度的污染。室内空气的污染程度要比室外空气严重 $2 \sim 5$ 倍，在特殊情况下可达到 100 倍。有关人员在北京燕山石化总厂所做的调查表明，家庭厨房内一氧化碳浓度比工厂区大气高 4.5 倍，氮氧化物高 19 倍，悬浮颗粒物高 3.8 倍，而且大大超过国家规定的居民区大气有害物质标准。大量的污染物会长期滞留在室内，使得室内污染物浓度很高，严重时室内污染物浓度可超过室外的几十倍之多。

4. 污染物种类多

污染物质主要来源于室内外冷热污染源、建筑和装饰材料、燃料燃烧、烹调油烟、家用化学品、电磁辐射、空调、室内用具产生的化学和生物性污染、从室外进入到室内的空气污染，而这些室内空气污染会引发病态建筑综合症、多种化学污染物过敏症、甚至是癌症等疾病。污染物种类有物理污染、化学污染、生物污染、放射性污染等，特别是化学污染，其中不仅有无机污染物（如氮氧化物、硫氧化物、碳氧化物等），还有更为复杂的有机污染物，其种类可达上千种，并且这些污染物又可以重新发生作用产生新的污染物。

5. 污染排放周期长

从装修材料中排放出来的污染物（如甲醛），尽管在通风充足的情况下，它仍能不停地从孔隙中释放出来。研究表明，装修和家具中含有的甲醛，其释放期长达 3 ~ 15 年，而一些放射性污染的危害作用时间可能更长。

6. 污染危害潜伏深

有的污染物在短期内就可以对人体产生极大的危害，而有的污染物（如放射性污染物）则潜伏期很长，可达几十年之久，甚至直到人死亡都没有表现出来。

1.3　居室环境评价

居室环境的评价有两个层次，一个是通过现象进行评价，即是在该环境下生活和工作，会产生对人体健康的影响；另一个是针对空气环境各因素进行的综合评价，评价不单纯包括各污染物质的浓度，还包含人的主观感受。

1.3.1　通过现象居室环境评价

并不是所有的人群都有条件对室内环境进行测评，但是对于室内空气污染的识别，一般可以参考以下几条：

（1）每天清晨起床时，感到憋闷、恶心，甚至头晕目眩；

（2）家里人经常容易患感冒；

（3）经常感到嗓子不舒服，有异物感，呼吸不畅；

（4）家里小孩常咳嗽、打喷嚏、免疫力下降、不愿意回家；

（5）家人常有皮肤过敏等毛病，而且是群发性的；

（6）家人共有一种疾病，而且离开这个环境后，症状就有明显变化和好转；

（7）新婚夫妇长时间不怀孕，查不出原因或孕妇在正常怀孕情况下发现胎儿畸形；

（8）室内植物不易成活，叶子容易发黄、枯萎，一些生命力强的植物也难以正常生长；

（9）家养的宠物猫、狗、鱼莫名其妙地死掉，而且邻居家也是这样；

（10）一上班就感觉咽喉疼，呼吸道发干，头晕，容易疲劳，下班以后就没有问题了，而且同楼其他工作人员也有这种感觉；

（11）家庭和写字楼的房间或者新买的家具有刺眼、刺鼻等刺激性异味，而且超过半年仍然气味不散。

如果有上述情况的 1 ~ 2 条及以上，那就说明室内环境质量不好，需要进一步监测以确定污染物的种类和浓度。

1.3.2　居室环境的综合评价

20 世纪 70 年代起，室内空气质量（Indoor Air Quality，IAQ）研究在国际上开始受到重视。国内 IAQ 研究始于 20 世纪 70 年代末，80 年代中期出版了专著。20 世纪 90 年代以来，由于室内装饰装修导致的室内空气污染问题受到人们的广泛关注，系统的 IAQ 研究开始展开。IAQ 标准和建筑装饰装修材料中有害物质限量标准陆续颁布。

IAQ 意味着房间空间空气免受烟、灰尘和化学物质污染的程度。广义地，它包括空气温度、湿度和空气流速，而热环境这一词还需包括视觉因素，如亮度、色彩、空间感。另一方面，允许水平的 IAQ 还取决于暴露时间的长短，个人生理条件及经济观点。从实用的观点来看，最佳的环境取决于 IAQ 推荐值或允许范围的客观标准加上居住者的期望或者说主观看法，下限称之为节能允许值或推荐值，上限是 IAQ 所能达到的极限。常用的评价方法有以下几种：

1. 主、客观评价相结合的综合评价

这一评价方法主要有三条路径，即客观评价、主观评价和个人背景资料。客观评价就是直接用室内污染物指标来评价室内空气品质的方法。选择具有代表性的污染物作为评价指标，常选用二氧化碳、一氧化碳、甲醛、可吸入性微粒（IP）、氮氧化物、二氧化硫、室内细菌总数，加上温度、相对湿度、风速、照度以及噪声共 12 个指标来定量地反映室内环境质量。主观评价主要是通过对室内人员的问询得到的，引用国际通用的主观评价调查表格并结合个人背景资料。评价主要归纳为 4 个方面，人对环境的评价表现为在室者和来访者对室内空气的不接受率，以及对不佳空气的感受程度，环境对人的影响表现为在室者出现的症状及其程度。最后综合主、客观评价，得出结论。

2. IAQ 等级的模糊综合评价

室内空气品质本身就是一个模糊概念，因此可用模糊数学方法加以研究，由于该方法考虑到了室内空气品质等级的分级界限的内在模糊性，评价结果可显示出对不同等级的隶属程度，更符合人的思维习惯，这是现有的指数评价方法所不能及的。该方法的关键是建立 IAQ 等级评价的模糊数学模型，确定各类健康影响因素对可能出现的评判结果的隶属度。

3. 应用 CFD 对室内空气品质进行评估

目前常用应用计算流体动力学（Computational Fluid Dynamics，CFD）对室内空气品质进行评估。CFD 是利用室内空气流动的质量、动量和能量守恒原理，采用湍流模型，给出适当的边界条件和初始条件，求出室内各点的气流速度、温度和相对湿度；并根据室内各点的发热量及壁面处的边界条件，考虑墙面间的相互辐射及空气间的对流换热，得到室内各点的辐射温度，结合人体的衣着和活动量，求得室内各点的热舒适指标 PMV（Predicted Mean Vote，在第 6 章介绍）。同时，利用室内空气的流动形式和扩散特性，得到室内各点的空气年龄，从而判断送风到达室内各点的时间长短，评估室内空气的新鲜度。

4. "通风效率"和"换气效率"评价指标

通风效率为排风口处污染物浓度与室内污染物平均浓度之比，它表示污染物被排除的快慢。换气效率是室内空气的实际滞留时间与理论上最短滞留时间之比，可衡量换气效果的优劣，与气流组织分布有关。只要这两个指标落入合适的范围内，IAQ 就是合格的。

5. 空气耗氧量评价指标

空气耗氧量是通过反应方法测定室内挥发性有机化合物 VOC 被氧化的空气耗氧量，表征室内 VOC 的总浓度，与室内空气品质的其他指标如二氧化碳、一氧化碳、空气负离子、甲醛浓度、微生物等有显著的相关性，是综合性较强的室内空气污染指示指标。

1.4　室内环境标准体系

1995 年以来，室内环境质量越来越受到人们的关注，特别是一些污染物对人体健康有严重危害的个案不断出现，因此由国家技术监督局相继制定和颁发了以单一污染物在环境中的控制限量的室内卫生标准，即室内环境质量标准。我国室内环境标准体系包括以下7个部分：

（1）室内空气质量标准共有19项指标，共分4类室内环境质量参数，它全面地列出了空气中与人体健康密切相关的各项因素，属于综合性的质量标准。

（2）公共场所卫生标准：对于具体的公共场所（室内环境），根据其具体环境特点及与人体健康等因素，分别规定了室内应检测的参数，除空气参数外，有的公共场所还包括了噪声、照度。

（3）民用建筑工程室内环境污染控制规范 GB50325—2001：是一种强制性国家标准。北京市颁布的民用建筑工程室内环境污染控制规程 DBJ01—91—2004 就是一种强制性地方标准。

（4）室内装饰装修材料中有害物质限量：室内环境污染物主要来自室内装饰装修材料（8 种）和建筑材料（2 种）。国家出台了这 10 种材料的有害物质的强制性国家标准。每种装饰装修材料依其组成特性，分别确定了具体有害物质的限量值。这 10 项国家标准，由国家质量监督检验检疫总局发布，在全国范围内适用，它是对影响室内空气质量的主要污染物的控制标准。

（5）室内环境基础标准、方法标准：室内环境基础标准是指在环境标准化工作范围内，对有指导意义的符号、代号、指南、程序、导则及其他通用技术要求等做出的技术规定。它是制定其他环境标准的基础。室内环境基础标准主要包括管理标准、名词术语标准、符号代号以及空气监测技术导则等。

（6）室内环境标准样品标准和仪器设备标准：室内环境监测的标准分析方法都是相对标准样品进行定量的方法，即相对分析法。因此，室内监测离不开标准物质（样品），已有专门用于室内环境监测用的甲醛、氨、苯、甲苯、二甲苯、TVOC、二氧化硫、二氧化氮、一氧化碳、二氧化碳等标准样品（有标准样品号、标准值及不确定度的证书），可在环境保护部标准样品研究所购买。

（7）室内环境质量"单行标准"。

1.5 居室环境与健康发展现状

居室环境空气质量与健康是一个相当年轻的领域。由丹麦技术大学著名学者 FANGER 教授等人 1978 年发起的在丹麦哥本哈根举办的第一届国际室内空气大会可以作为这一领域的非官方认可的开始（the unofficial beginning for indoor air as a field of research），该系列会议此后每三年举办一次，至今已举办 11 届。

我国室内空气质量与健康问题有自身的特点：①由于我国系发展中国家，住房改革又是 20 世纪 90 年代才开始的事，因此，我国室内空气质量问题比发达国家出现类似问题滞后了几十年。②与发达国家相比，我国近年来室内空气质量问题更为严重。③我国室内空气质量与发达国家问题不完全相同，有自身特点：以城市室内空气污染为例，我国室内空气中甲醛、苯浓度较高。

针对我国室内空气质量现状及问题，中国环境学会室内环境与健康分会邀请国内外专家开展了多次交流讨论，开展了大量文献和研究现状调研，深化了认识，达成了共识。虽然我国室内空气质量领域在"十五"、"十一五"期间国家多种科研项目的支持下取得了显著进展，但我国室内空气问题依然严峻，以下问题值得关注：

（1）我国室内空气质量问题及其引发的健康问题（尤其是低浓度、长期暴露情况下产生的健康问题）还需进一步开展大规模调查并获得可靠数据。

（2）我国缺乏室内建材和物品（如家具）污染水平标识体系，我国城市室内空气挥发性有机化合物（VOCs）污染难以有效控制。我国建材和家具产量世界第一，其中污染建材和家具占不小比例，一般家庭和办公室装修建材和家具等用量很大，是室内空气污染的主要来源。

（3）亟待开展低散发人工复合板和油漆研究。我国城市室内空气污染的重要来源是人造板和油漆散发的挥发性有机化合物（VOCs），研制低散发人工复合板和油漆是生产低散发建材和家具的基础，这方面的工作还需加强。

（4）应建立更为科学的空气净化器性能评价技术和标准体系。我国室内空气净化材料和空气净化器行业近年来迅速增长，但缺乏科学的空气净化材料和空气净化器性能评价标准。譬如现有标准中只对目标污染物进行了评价，并未对空气净化器可能产生的有害副产物进行评价，造成市场上的产品鱼龙混杂、良莠难辨。

（5）环境 SVOCs 污染及其对健康的危害已引起国际上的高度关注。我国是世界上最大的增塑剂、阻燃剂的生产国和消费国，SVOCs 的健康危害不可忽视。应开展相关的毒理学研究并结合流行病学调查，深化人们对危害健康的 SVOCs 种类、阈值和危害机理的认识。

（6）室内微生物污染控制还需加强。近年来，国际上 SARS、H1N1 等微生物污染在世界不少国家尤其在我国肆虐，给人们的日常生活和工作造成了灾害性影响。如何控制该类疾病通过室内空气传染，是室内空气质量领域研究者义不容辞的责任。

（7）农村由于在冬季采暖或炊事活动中使用劣质燃料或排烟不当引起的室内空气污染，严重影响农民的身体健康。如何尽量采用生物质燃料并充分利用太阳能，改进燃烧排烟系统，并大规模推广是今后应大力开展的工作。

（8）室内空气颗粒物污染控制应引起高度关注。目前，对颗粒物的健康效应评价大多基于环境空气中的颗粒物浓度。近几年大气中微细颗粒物（PM2.5，即动力学直径≤2.5μm的颗粒物）污染及控制成了我国社会特别关注的话题。实际上人们在室内的时间更长，室内空气中颗粒物对人体健康的危害不能忽视，在大气中 PM 浓度近期很难有效控制到较低水平的情况下，如何有效控制室内空气颗粒物（尤其是 PM2.5）污染是值得深入研究的课题。

（9）需研究和完善我国室内空气质量标准体系。目前我国已初步形成了室内空气质量标准体系，该体系涵盖建筑物施工验收、运行管理不同阶段，以及建筑所使用的材料、构件、设备等相关的产品标准。涉及室内化学污染、新风量、生物污染、放射性污染、颗粒物污染等若干指标。目前在整个标准体系建设中，室内空气污染控制还难以"未雨绸缪"，只能"亡羊补牢"。此外，现存的几十个国家标准、行业标准之间统一性不强，材料标准、验收标准、卫生标准之间出现诸多矛盾，造成"材料合格，部件不合格"、"材料、部件合格，室内空气质量验收不合格"、"室内空气质量验收合格，室内空气质量居住时不合格"等现象。

（10）需发展价格合适、精度满足应用需求的室内空气质量探测器和检测技术。温度、湿度计已走入千家万户，成为人们生活中的日常用品，使温度和湿度不再是难以感知的概念。但是一般情况下，室内环境中典型污染物浓度有多高，目前还很难用廉价、方便的方法或仪器准确测定，主要原因是，污染物浓度一般很低，其较为准确的测定难度比温度和湿度测定高很多，成本也就大大增加。随着材料科学和电子技术的发展，开发被动式或主动式污染物浓度或暴露量检测仪，使之达到价格合适、精度满足应用需求，使人们对空气质量的了解能实实在在落实到"数据"上，是今后重要的研究工作。

室内空气质量与健康是一个跨学科的高速成长的研究领域。它涉及建筑环境与设备工程、环境科学和工程、公共卫生学、医学、毒理学、材料科学、工程热物理、（计算）流体力学、建筑设计、心理学等多个研究领域，很多研究要求不同学科的研究者协同攻关。但目前尚未得到足够重视。

国际室内空气领域权威期刊 Indoor Air 的前主编 Sundell 教授在 2010 年 6 月第 3 期编者的话（Editorial）上指出：（在世界范围内）室内空气质量引发的健康问题非常重要！大气污染控制和建筑节能日益受到关注的今天，千万不能忽视室内空气质量的控制。与发达国家相比，我国室内空气质量控制研究更应大大加强！

本章参考文献

[1] 张寅平，邓启红，钱华等．中国室内环境与健康研究进展报告［M］．北京：中国建筑工业出版社，2012.

[2] 黄宜鹤编著．居室环境与健康［M］．北京：中国环境科学出版社，1989.

[3] 李和平，郑泽根．居室环境与健康［M］．重庆：重庆大学出版社，2001.

[4] 孙孝凡．家居环境与人体健康［M］．北京：金盾出版社，2009.

[5] 侯亚娟，席晓曦．居家环境与健康［M］．北京：中国医药科技出版社，2013.

[6] 石碧清，赵育，闾振华．环境污染与人体健康［M］．北京：中国环境科学出版社，2007.

[7] 陈冠英．居室环境与人体健康（第二版）［M］．北京：化学工业出版社，2011.

[8] 杨周生．环境与人体健康［M］．合肥：安徽师范大学出版社，2011.

[9] 刘征涛．环境安全与健康［M］．北京：化学工业出版社，2005.

[10] 刘新会，牛军峰，史江红等．环境与健康［M］．北京：北京师范大学出版社，2009.

[11] ［美］比阿特丽斯·特鲁姆·亨特．食品与健康［M］．传神 译．北京：中国环境科学出版社，2011.

[12] 宋广生，吴吉祥．室内环境生物污染防控 100 招［M］．北京：机械工业出版社，2010.

[13] 王清勤．建筑室内生物污染控制与改善［M］．北京：中国建筑工业出版社，2011.

[14] 唐中华．通风除尘与净化［M］．北京：中国建筑工业出版社，2009.

[15] 贾振邦．环境与健康［M］．北京：北京大学出版社，2008.

[16] ［美］盖尔·伍德赛德，戴安娜·科库雷．环境、安全与健康工程［M］．金海峰 译．北京：化学工业出版社，2006.

[17] 中国房地产研究会人居环境委员会．中国人居环境发展报告［M］．北京：中国建筑工业出版社，2012.

第2章　居室环境中的物理因素对人体健康的影响

20世纪50年代以后，物理性污染日益严重，对人类造成越来越严重的危害，促使声学、热学、光学、电磁学等学科对物理环境进行研究。引起物理性污染的声、光、电磁场等在环境中是永远存在的，它们本身对人无害，只是在环境中的量过高或过低时，才造成污染或异常。物理性污染属于局部的、区域性污染，物理性污染是能量的污染，在环境中不会有残余物质存在，在污染源停止运转后，污染也就立即消失。

居室环境中的物理污染因素包括：噪声、电磁辐射、放射性辐射、光照、负离子等。

2.1　噪声

噪声实际上是一种声音。声音是物体振动在弹性介质（气体、液体或固体）中传播的波，当其频率和压力变化都在人的听觉器官感受范围以内时，能够使人的耳朵感觉到的，就叫做声音。

2.1.1　噪声的特性

声音有三个特性：强弱、高低、音色。声音的强弱是由发声体振动时所产生的振幅决定的。频率相同的声波振动幅度大的，声音就强；振动幅度小的，声音就弱。声音的高低是由发声体振动波的频率决定的。所谓频率，指的是发声体每秒钟振动的次数。振动快、频率高，声调就高；振动慢、频率低，声调就低。音色是由发声体振动波的形状来决定的。声波进行有规律的变化，并且有周期性的复合（比如音乐声），音色就和谐悦耳；相反，声波只是机械地重复、杂乱无章，就容易使人烦躁。频率是表示声音高低的，单位为赫兹（Hz），频率为20～20000Hz的声音能够被人耳听到，故这一段的频率被称为声频。低于20Hz的声音叫做次声波；高于20000Hz的声波叫超声波。这两种声波，人都听不到。

噪声，是环境中不协调的声音、人们感到吵闹的声音或某些场合不需要的声音的统称。室内噪声不仅限于杂乱无章的声音，还包括影响学习、休息、睡眠的音乐声、脚步声、说话声等。有些音乐也能制造家庭噪声，不可久放久听。如有些"现代派"音乐，堆积大量不和谐音、音调怪诞，尖声刺耳，节奏疯狂，与噪声没多大区别，对人体健康有危害；也会引起情绪低落，意志衰退，或使人疯狂，镇静不下来。

噪声具有可感受性、即时性、局部性的特点。其中可感受性既包括生理方面的因素，也包括心理方面的因素，也就是说它包括主观性的因素。这种特征在城市环境噪声里体现得尤为明显。

噪声污染有别于其他污染，具有其独有的特征。首先，噪声污染没有污染物，它在环境中既不累积，也不会残留；其次，噪声污染是一种主观的、精神的感觉公害，不同的人有不同的感觉；再次，噪声污染是一种有局限性的公害，一般传播距离不会很远；第四，噪声污染是瞬时的，噪声源停止发声，噪声随即消失。

2.1.2　噪声的来源

噪声对环境的污染与工业"三废"一样，是一种危害人类健康的公害。噪声的种类很多，如火山爆发、地震、潮汐、刮风下雨等自然现象所引起的地声、雷声、风声、水声等，都属于自然噪声。人为活动所产生的噪声主要包括交通噪声、工业噪声、施工噪声和社会噪声等。

1. 交通噪声

随着城市化和交通事业的发展，交通噪声成为城市最主要噪声污染源。交通噪声在整个噪声污染中所占的比重越来越大，交通噪声能量占环境噪声能量 70%～80%。如飞机、火车、汽车等交通工具作为噪声活动污染源，不仅污染面广，而且噪声级高，尤其是航空噪声和汽车的喇叭声。

2. 工业噪声

随着现代工业的发展，工业噪声污染的范围越来越大，工业噪声的控制也越来越受到人们的重视。工业噪声不仅直接危害工人健康，而且对附近居民也会造成很大影响。工业噪声主要包括空气动力噪声、机械噪声和电磁噪声三种。空气动力噪声，如鼓风机、空压机、锅炉排气等产生的噪声；机械振动产生的噪声，如织布机、球磨机、碎石机、电锯、车床等产生的噪声；电磁力作用产生的噪声，如发电机、变压器等产生的噪声。

3. 建筑工地噪声

建筑工地使用的打桩机、推土机、挖掘机等产生的噪声，还有吊机、灌浆机和其他建筑工具使用时产生的噪声。建筑施工噪声虽然是一种临时性的污染，但其声音强度很高，又属于露天作业，因此污染也十分严重。有检测结果表明，建筑工地的打桩声能传到数千米以外。

4. 社会噪声

社会噪声主要是指社会活动所引起的噪声。高音喇叭、商场、自由市场、歌厅、餐饮服务场地等产生的噪声，这类噪声虽然声级不高，但往往给居民生活造成困扰。

5. 生活噪声

人们居室中的活动产生噪声。比如，电视声、录音机声、乐器练习声、门窗关闭的撞击声以及小孩吵闹、桌椅拖动、门窗撞击、水管设备开关、家用电器运转等产生的噪声。

2.1.3　噪声对人体健康的危害

1. 噪声对听觉的影响

噪声能够影响人的听觉。在噪声的作用下，可以使听觉暂时性减退，就是通常所说的听觉疲劳，并且使听觉敏感度降低。当环境恢复安静时，听觉敏感度不久就会恢复。这种听觉敏感度的改变（即听觉在强烈噪声作用下变得迟钝）是一种生理的"适应"。对不同的人，适应程度是不同的。人对噪声的适应特征是：在受到噪声作用后听觉有较小的减退现象（约 10dB），而在安静的环境中听觉敏感度能迅速恢复。在持久的强噪声作用下，人的听力减退较大，恢复至原来听觉敏感度所需的时间也比较长。如果噪声连续长期作用于人体，使得听觉在短暂时间内来不及完全恢复，时间长了就可能发生持久性的听力损失。

据报道，在环境噪声重污染区人群听力平均下降20dB左右。根据工矿企业大范围、长时间监测数据得知：在声级80dB中工作，短时内耳聋危险率为0，不会造成噪声性耳聋，10年以上危险率为3%，在声级90dB中工作，耳聋危险率为10%；在声级95dB中工作，耳聋危险率为20%～60%；在声级115dB中工作，耳聋危险率为71%。在机械工厂中，冲压工、锻压工人一般为轻、中度耳聋患者。由于耳神经细胞需要氧气才能把声音传给大脑，当音量很大时，细胞需要氧气增多，一旦血液中有一氧化碳存在，则携带的氧气量减少，神经细胞未能获得它们所需的全部氧气量，一些细胞因而死亡，造成失聪。

2. 噪声对睡眠的影响

在日常生活中，噪声影响正常休息和睡眠。一般地说，40dB的连续噪声，可使10%的人受影响；70dB的噪声，可使50%的人受影响；40dB的突然噪声可使10%的人惊醒；60dB的突然噪声，可使70%的人惊醒。断续的噪声比连续的噪声影响大，夜间噪声比白天噪声影响大。因为在白天听觉器官暴露于声压级比较高的各类噪声环境中，听觉敏感度发生暂时性下降，而在夜间较安静的环境里，听觉敏感度逐渐恢复，同样的噪声在晚上听起来就更显得刺耳。有调查指出，居住在菜场附近的居民，夜间噪声达到60～70dB，被惊醒和不易入睡者占调查人数的70%左右。睡眠受到干扰，精力和体力得不到充分恢复，持续下去就会影响工作效率和健康。

3. 噪声对神经系统的影响

对于长期在噪声环境中工作的人来说，神经系统症状是主要症状。噪声不仅可引起暴露者神经衰弱（如头痛、头晕、易疲劳、失眠等），还可以引起暴露者记忆力、思考力、学习能力、阅读能力降低等神经行为效应。1993年，徐启明等对舞厅从业人员做的体检调查表明，以头痛、头晕、乏力和记忆力减退为主的神经衰弱症状出现率，噪声组显著高于对照组，耳鸣、心悸等症状也较对照组明显。1990年，李才广等做的飞机噪声对学龄儿童的神经行为效应测试，结果显示，噪声对儿童的短时听力、记忆力、心理运动稳定度、手工操作速度及眼、手协调性均有不良影响。

4. 噪声对心血管系统的影响

噪声可使交感神经兴奋，从而出现心跳加快，心律不齐；心电图T波升高或缺血型改变、传导阻滞；血管痉挛，血压变化等现象。测试结果表明，85～95dB噪声可使人发生心电图、脑电流图的明显改变，脑血管紧张度增高，脑供血不足，并有造成血管系统持久性功能损伤的迹象。1985年有人对受飞机起落噪声影响达十余年的学生及对照组进行心血管系统比较研究，结果表明，调查组平均心率为82.57次/分，对照组为77.16次/分，二者有显著性差异。日本的陈秋蓉利用自动最高血压连续测定装置，对18～20岁的男女25名受试者用60dB、70dB、80dB、90dB、100dB噪声刺激，得出结论，血压值与噪声强度成正相关（$r = 0.996$）。德国科学家最近研究证实，长期居住在噪声较大的环境下的人容易患高血压。一项对柏林地区1700名居民进行的调查显示，在夜间睡眠时周围环境噪声超过55dB的居民，其患上高血压的风险要比那些睡眠环境噪声在50dB以下的居民高一倍。此外，习惯于夜间敞开窗户睡觉的居民，患高血压的风险也相对更大一些。

5. 噪声对消化系统的影响

在噪声的长期作用下，可引起胃肠功能紊乱、胃肠器官慢性变形，导致消化不良、十二指肠溃疡等消化系统疾病。有人就舞厅噪声对人体健康的影响进行测定，结果表明，噪声组人群食欲不振、腹胀、恶心、肠鸣音减弱出现率显著高于对照组。致病原因主要是由于在强烈噪声环境里，胃肠和肠黏膜的毛细血管发生极度收缩，正常供血受到破坏，导致消化腺和肠胃蠕动受到影响，胃液分泌不足。据统计，在噪声环境中工作的工人，胃溃疡及十二指肠溃疡的发病率比在安静环境下作业的人高 5~6 倍。有动物试验结果表明，在噪声作用下，实验动物可出现胸腺萎缩、十二指肠溃疡和肾上腺肿胀等现象。据国外报道，高频率的强噪声可引起嗜酸性白细胞减少和网状细胞减少，肾上腺机能亢进，皮质激素分泌量改变，胃肠道蠕动和分泌改变等。

6. 噪声的其他影响

噪声作用于机体，对内分泌系统表现为甲状腺机能亢进，肾上腺皮质机能增强（中等噪声 70~80dB）或减弱（大强度噪声 100dB 以上）、性机能紊乱、月经失调等。据报道，噪声可导致妇女月经周期紊乱，痛经的比例增高，月经初潮平均年龄提前。

噪声对胎儿发育及儿童智能发育产生不良影响。经常性噪声会使母体的内分泌腺体功能紊乱，如使脑垂体分泌催产激素过剩，强烈刺激子宫收缩，就会引起早产。子宫收缩还会影响子宫内血管向胎盘输送氧气和养料，使胎儿缺乏氧气和营养，造成胎儿发育障碍或死亡。很多国家有严重噪声干扰促使早产和死亡率升高、初生儿体重减轻的报告。日本的调查资料指出：在噪声区，初生儿体重多在 2500g 以下，相当于正常产儿体重的 5/6（正常儿体重 3000g）。

噪声可引起免疫系统紊乱、嗜酸性白细胞减少、网状细胞减少等，从而使机体易受病原微生物感染，导致严重感染性疾病发生，甚至有可能引发癌症。

2.1.4　环境噪声标准

我国在制定相关环境噪声标准时，规定不论是稳态噪声（如常见的工业噪声）还是非稳态噪声和间歇性噪声（如公路噪声、铁路噪声、建筑施工噪声），均以等效连续 A 声级为评价量。但有个特殊情况，即对于机场飞机噪声是以计权等效连续感觉噪声级（WECPNL）作为评价量。

环境噪声极限　　　　表 2-1

声环境功能区类别	昼间[dB(A)]	夜间[dB(A)]
0 类	50	40
1 类	55	45
2 类	60	50
3 类	65	55
4a 类	70	55
4b 类	70	60

我国《声环境质量标准》GB3096-2008 规定了 5 类声环境功能区的环境噪声极限，如表 2-1 所示。声环境功能区的五种类型为：0 类声环境功能区，是指康复疗养区等特别需要安静的区域；1 类声环境功能区，是指居民住宅、医疗卫生、文化教育、科研设计、行政办公为主要功能，需要保持安静的区域；2 类声环境功能区，是指商业金融、集市贸易为主要功能，或者居住、商业、工业混杂，需要维护住宅安静的区域；3 类声环境功能区，是指工业生产、仓储物流为主要功能，需要防止工业噪声对周围环境产生严重影响的区域；4 类声环境功能区，是指交通干线两侧一定距离以内，需要防止交通噪声对周围环境产生严重影响的区域，包括 4a 类和 4b 类两种类型。4a 类为高速公路、一级公路、二级公路、城市快速路、城市主

干路、城市次干路、城市轨道交通（地面段）、内河航道两侧区域；4b类为铁路干线两侧区域。

2.1.5 预防噪声污染的措施

控制噪声是相当复杂的社会问题，因为涉及的面广，噪声来源复杂。一般控制措施是从噪声源、噪声传递途径和保护噪声接受者三个环节入手，结合经济技术和需求来考虑如何控制噪声。

1. 减少外界噪声对室内的影响

外界噪声进入室内的主要途径为门窗。一是安装双层玻璃窗。这样可将外来噪声降低一半，特别是临街的写字楼和家庭，效果比较理想。二是安装钢门隔声。钢门对隔声有一定的帮助，如镀锌钢门中层隔有空气的设计，使得无论室内或室外的声音均较难传送开去。此外，钢门附有胶边，与门身碰合时并不会发出噪声。三是多用布艺装饰和软性装饰。四是注意室内不同功能房间的封闭。

2. 减少噪声传递措施

在特殊房间，比如KTV、电影院、剧场等，利用具有通气性能的吸声材料，如：棉、毛、麻、玻璃棉等多孔材料作内墙壁面，可使噪声降低。在建筑结构上，利用薄板、空腔共振和微穿孔板等结构，也可达到降低噪声的目的。尽量减少到这些环境中主动接受噪声污染。

3. 注意防止家用电器的噪声污染

在购置家用电器时，要选择质量好、噪声小的。尽量不要把家用电器集于一室，冰箱最好不要放在卧室；尽量避免各种家用电器同时使用；一旦家用电器发生故障，要及时排除，因为带病工作的家用电器产生的噪声比正常机器工作的声音大得多。

4. 行为减噪

社会噪声和生活噪声都来源于人们的生活陋习。行为减噪是每个公民应该尽的义务和责任。家庭成员和邻里之间要和睦相处，不争吵、不喧哗，适当控制娱乐时间，为大家特别是孩子创造一个安静、温暖、文明的社会和家庭环境。例如：在不影响工作、学习和娱乐的情况下，应严格控制家用电器和其他发声器具的音量和开关时间。尤其是高频立体声音响的使用，其音量一定要控制在70dB以下（以无震耳欲聋的感觉为准）。汽车司机不应随意按喇叭，不要经常到人声嘈杂的商业区及歌厅去"接收"噪声等，以尽可能地减少人为噪声的危害。

5. 测噪维权

遇到室内噪声污染严重的情况，可进行室内噪声检测，然后根据污染源采取相应的措施，如果是由外界造成的噪声污染，可与有关部门联系维权。

2.2 辐射

2.2.1 电磁辐射

当交流电通过电路时，它的周围产生频率相同的电磁场，这种电磁场的传播就形成电磁波，电磁波不依靠任何传输导线而在空间传播，这种现象称为电磁辐射。电磁辐射是能量以电磁波的形式通过空间传播的现象。电磁辐射可按其波长、频率排列成若干频率段，形成电磁波谱。频率越高，该辐射的量子能量越大，其生物学作用也越强。电磁辐射的传播是通过空间辐射和线路传导两种途径，而这两种途径均可使电磁波能量传播到受体，造成电磁辐射污染。同时存在空间传播与线路传导所造成的电磁污染的情况被称为复合传播污染。

由于电磁波看不见摸不着，而又弥漫于整个空间，所以人们又称它为"电子烟雾"。因此，科学家们称它为"恐怖的幽灵电波"和"可怕的电子弹"，国际上把电磁辐射列为继废气、废渣、废水、噪声之后人类环境的第五大公害。

1. 电磁辐射的来源

电磁辐射的主要来源是自然辐射源和人为辐射源。

自然辐射源比如雷电、太阳黑子活动、宇宙射线等。人为辐射源指人工制造的各种系统、电气和电子设备产生的电磁辐射。比如：广播电视系统，一个城市影响最大的电磁辐射源是广播电视发射塔，而目前发射塔高度还在不断增加；通信、雷达及导航系统；工业企业使用的高频机器；科研系统的电子设备；医疗中使用的射频治疗机、微波理疗机、高频理疗机等；高压电力系统的高压输电线与高压电缆、高压升压站和降压变电站等都会发出电磁辐射。

居室中的电磁辐射主要来源于家用电器。家用电器中的空调机、电脑、电视机、电冰箱、微波炉、电热毯、移动电话等为人们生活带来了方便的同时，也给生活环境造成了电磁辐射污染。

2. 电磁辐射作用于人体的机理

电磁辐射作用于人体的机理可分为致热作用和非致热作用两种。

（1）致热作用

人体细胞和体液的分子大都是极性分子，外加的电磁波具有一种场力，可以使体内的极性分子因定向作用而发生频率极高的振荡运动。这些极性分子存在的介质如血液等都具有黏滞性，因此极性分子在振荡运动中还必须克服介质的黏滞性，这一过程中就出现了因能量消耗增加而发热的现象，如果外加电磁波过强，就会使调节系统承受不了，导致体温失控，上升并引起高温生理效应。相反，如果外加的电磁场强度合适，就可以对机体产生良好的刺激作用，使血液流动加速，血管扩张，促进新陈代谢，改善局部营养等，从而促进机体组织的恢复和再生，电磁波理疗就是根据这个原理建立起来的。这种由电磁波引起体温升高的生物效应叫做热效应，或者称为致热作用。

温度升高影响血液循环。升温过高可致病理性充血、出血、水肿及血栓形成。温度升高影响细胞分裂和增殖。适量升温可提高其生物功能，加速生化反应过程；而过量升温则损伤其结构，阻抑生化反应过程，甚至发生热凝固。概言之，微波的热效应机制主要在于温度升高后加热了机体组织结构中"生物水"的结果。温度升高改变了细胞膜的结构。升温使细胞膜中的蛋白质分子与类脂分子的组成和排列发生变化，并使细胞膜离子（K^+、Na^+、Cl^- 等）通透性增加。睾丸被加热到温度上升 $10\sim20℃$ 时，就会影响精子的发育；由于升温高，可导致眼部损伤，比如，晶体蛋白质凝固，产生点状或小片状混浊，促使晶状体老化。

（2）非致热作用

非致热作用引起的变化主要发生在细胞和分子水平上，进而影响其生物物理和生物化学反应过程，基因、细胞因子、信号传导通路等发生改变，并引起相应的组织器官和整体的损伤效应。非致热作用是电磁辐射生物医学研究领域中最关注的热点之一。非致热作用对机体的作用可能通过如下途径致伤：

1）细胞产生电场振荡致伤学说。由于几乎所有细胞均存在相干振荡（其振荡基频约为 $0.1 \times 10^{12} Hz$），当细胞受微波照射后由于产生电磁场和电磁振荡而致伤。

2）脑组织的钙通道异常和钙浓度内外失衡致伤学说。脑组织神经细胞受微波照射后，Ca^{2+} 通道受到破坏，Ca^{2+} 大量释放溢出，尤其在调制频率段，Ca^{2+} 的排出达到高峰，从而导致神经系统的损伤。

3）振荡电场中细胞转动致伤学说。活性细胞受到外加振荡电磁作用时，细胞将围绕垂直于电磁的轴线转动，同时还产生谐振效应，从而导致细胞发生损伤。

4）在外加电场中细胞膜击穿（破裂）致伤学说。外加电场可造成细胞膜的细小孔洞和沟道形成，细小孔洞相互融合扩大，致使细胞膜发生破裂，从而导致细胞膜渗透性改变，致使在正常情况下阻止细胞膜的离子、亲水分子、病毒颗粒、DNA、蛋白质等进出细胞。

3. 电磁辐射对人体健康的影响

电磁辐射在居室中有可能持续存在，危害也较为严重。电磁辐射会引起眼部疾病，还会加重眼部疾病；电磁辐射对生殖系统、免疫系统、内分泌系统、消化系统、造血系统、神经系统、心血管等都产生影响。

（1）电磁辐射对眼睛的影响

晶状体对电磁波尤为敏感，损伤出现早而且明显。主要表现为晶状体水肿、凝聚，轻者出现局灶性混浊，重者全晶状体混浊，并见前囊上皮细胞和赤道部细胞变性坏死。动物实验表明，大功率电磁波照射后 1 个月晶状体即见发生上述病变，6 个月后增多、加重，1年时全部发生。

角膜的病变较晶状体轻，主要是上皮变薄、细胞变性和坏死，并见糜烂或溃疡发生。基质也常见解离现象。视网膜病变最轻，主要是色素紊乱，颗粒层细胞和视杆、视锥细胞变性，病变不仅限于黄斑部，波及范围一般较大。

强度为 $10 \sim 50 mW/cm^2$ 微波辐射，可使眼的晶状体混浊，有色视野缩小，造成视力障碍。$80 \sim 100 mW/cm^2$ 可造成白内障和眼睛永久性损伤。

（2）电磁辐射对生殖的影响

长期接触电磁辐射可导致男性性功能下降，女性月经紊乱，子代性别比例失调。电磁辐射对人类生殖危害的影响，包括男、女性不育、流产、早产、胎儿宫内发育迟缓、先天畸形、围产期死亡、基因病、儿童肿瘤（尤其是神经母细胞瘤和白血病）发生等已有较多的流行病学和动物实验资料报道。

流行病学调查显示：在极低频电磁场工厂工作的男性其后代男孩比例轻度减少，而在相同环境工作的女性其后代男孩比例则明显减少。进一步的流行病学调查显示，不仅是孕妇，在非妊娠妇女甚至是男性，暴露于电磁辐射均可引起后代女孩比例增加。父亲受高频电磁场或强静电场辐射，或在高压电厂、雷达系统附近工作，其后代女孩比例增加。有学者据此认为子代的性别比例失调可作为电磁辐射如微波辐射后生殖危害的评价指标之一。

（3）对神经系统的影响

中枢神经系统是微波辐射最敏感的部位。长期在低强度电磁辐射下生活和工作即可引起中枢神经系统功能紊乱，引起植物神经系统紊乱，会出现条件反射活动受抑制，出现头昏、嗜睡、记忆力减退、易激动、脱发、白发、脑电图慢波增多等神经衰弱症状。甚至出现"脑震荡综合症"及帕金森病、肌肉萎缩等病症。长期从事通信业的工作者患老年性痴呆的发生率为对照组的 3.22 倍，职业性接触工频电磁场的女工老年性痴呆发病率也明显升高。

（4）对心血管的影响

动物实验表明：低强度电磁辐射长期作用，常发生血压低、心率改变、心动过缓、心电图变化、心肌缺血等现象。卫生调查表明：长期从事微波作业人员的心悸及心前区疼痛发生率明显高于对照组。

中高功率电磁波常引起心肌细胞的损伤，特别是窦房结、房室结、传导纤维的病变更为明显，轻者会导致细胞退变，重者则细胞坏死和凋亡。心电图可见 T 波倒置、ST 段升高、传导阻滞等，甚至出现缺血性改变、心前区疼痛及血压的波动。上述变化在照射后早期即可发生，并持续较长时间。血管病变一般较心脏为轻，严重时可出现血管痉挛、血容量减少，导致皮肤苍白、全身无力或晕厥。

（5）对内分泌及代谢的影响

普通功率电磁波早期即可造成垂体多种激素紊乱和促肾上腺皮质激素、皮质酮、类皮质激素、甲状腺素等升高，后期则呈现下降。垂体、肾上腺、甲状腺细胞均出现营养不良性改变，死亡增多，并持续较长时间。同时睾丸生精细胞和间质细胞发生损伤，睾酮水平下降，卵巢也见卵泡细胞退变、雌激素分泌紊乱。

（6）对消化系统的影响

对消化腺的影响比消化道明显，主要是肝功能异常，转氨酶活力升高，肝细胞退行性病变，超微结构病变更为明显，严重时发生细胞凋亡、脂肪变性，偶有小灶状肝细胞坏死，晚后期有肿瘤发生。胰腺于后期常见萎缩，可见胰岛细胞变性、坏死。食道、胃、小肠、大肠等消化道偶见黏膜低平、腺窝细胞核分裂减少。

（7）血液和造血系统

中小功率电磁波照射后早期即见外周血红细胞、白细胞、血小板不同程度降低，高功率照射后更明显。骨髓组织早期即见充血出血、水肿，粒系、红系细胞和巨核细胞发生退变，甚至坏死，DNA 含量降低，细胞增殖能力下降 1~4 周更为明显，造血细胞数量减少，脂肪细胞增多，凝血功能下降。上述损伤可持续 1 年以上仍未完全恢复，造血组织呈重建不良现象。

（8）对免疫的影响

免疫系统对电磁波较为敏感，主要引起免疫抑制反应、功能下降，早期可见外周血淋巴细胞减少，T 细胞及其亚群比例失调，免疫球蛋白下降，白细胞吞噬功能减弱，外周血淋巴细胞凋亡率增高，淋巴组织（脾、淋巴结、胸腺等）淋巴细胞变性、坏死。浆细胞、网织细胞也常见不同程度的损伤。动物实验表明，高功率电磁波照射后 1 年，淋巴组织重建不良。

4. 居室中电磁辐射污染情况

在室外电磁辐射污染不太严重的情况下，居室环境中的电磁辐射污染主要来源于家用电器。家用电器的电磁辐射对人体健康的影响是不能忽视的。表2-2列举了常见家用电器电磁辐射的污染程度及使用注意事项。值得指出的是，所列家用电器中的部分电器的电磁辐射污染程度较轻，但是其他方面的污染可能比较严重，比如噪声、光污染、臭氧污染等。

常见家用电器电磁辐射污染　　　　　　　　　　　　　　　表2-2

序号	常用家用电器名称	电磁辐射污染程度	使用注意事项
1	微波炉、电热毯、加湿器、吸尘器	严重超标，污染严重	特殊人群慎用
2	电吹风、普通电视、家庭影院、低音炮音箱、红外管电暖气、电扇、电磁炉、电熨斗	超标，污染严重	正确、适度使用
3	等离子电视、台式电脑主机、无线鼠标和键盘、电热足盆、空气净化器	属超标范围，污染程度与距离电器的距离远近有关系	正确使用情况下危害较小
4	抽油烟机、电饼铛、跑步机	轻度污染	正确使用情况下危害小
5	液晶电视、显示器、笔记本电脑、空调、电冰箱、臭氧消毒柜、电饭煲	单台电器污染程度较小，但集于一室危害会增加	可放心使用，但不可多种电器集于一室摆放和同时使用

随着3G手机的普及，人们更加依赖手机来办公和休闲娱乐。手机辐射对人体健康的影响也越来越受到关注。手机可发出400～1000MHz的高频率的电磁波，这些电磁波可对人体形成较为直接的辐射。由于打电话时头部距离话机最近，因而，手机对头部的影响自然也最为严重。这与电吹风的电磁辐射对人体危害非常严重的原理类似。人们在频繁收发短信或者浏览网页时，会集中精力盯着手机屏幕，手机屏发出的辐射对视力的损伤不亚于长时间在光线不好的地方看书。

当手机信号弱的时候，如在高速行驶的交通工具上的时候，或在电梯、火车、地铁等相对封闭空间打手机时，手机不断尝试连接中断的信号，会使辐射增加到最大值。另外，手机接通的一瞬间产生的辐射最强，因此拨打电话和接通电话时，最好让手机远离身体，稍等片刻再通话。用耳机虽然不能直接消除辐射，但能使人体与辐射源保持一定距离。手机距离头部越远，大脑受到的辐射影响就越小。距离手机天线越远，身体接受的辐射量就越低。智能手机内置无线装置，其产生的辐射比一般手机更强，因为这些设备主要靠电池驱动才能连接网络。少用手机上网能有效减小手机电磁辐射带来的危害。研究发现，使用手机通话2min后，脑电波受到的影响至少会持续1h。因此，要少用手机通话。手机充电器、便携式单放机在插座上的变压器磁场也较高，所以要保持距离，有利安全。

另有研究发现，经常将手机放在裤兜的男性，其精子数比正常男性少25%。手机辐射对身体各部位的影响不同，男性睾丸最容易受手机辐射伤害。睡觉时，手机放在枕边，辐射会降低褪黑激素分泌量，既影响睡眠质量，又会加速人体自由基的破坏作用，最终导致癌症等疾病发生。

曾有人指出 11 类受电磁辐射的高危行业分别是：金融证券行业、广播电视行业、IT 行业、电力行业、通信业、民航、铁路、采用高频医疗设备的医疗行业、大量使用仪器仪表设备的科研行业、采用高中低频和微波电器设备的工业，以及现代化办公设备相当普及的行业。

2.2.2 放射性辐射

1. 放射性气体——氡

居室内受到的放射性辐射主要来自氡（222Rn）。氡是一种天然放射性气体，无色、无臭、无味，是放射性元素铀、钍等衰变链的一个产物，是天然放射性铀系中的一种放射性惰性气体，它具有极强的迁移活动性，凡有空气的空间就有氡及其子体的存在。氡的半衰期较短（222Rn 半衰期为 31825d，220Rn 为 55165s），在人体内停留的时间较短，因而在呼吸道内产生危害的剂量很小。而氡的子体则不然，它是氡衰变形成的固态放射性子体链——218Po、214Bi 和 210Pb，属金属粒子，其半衰期极短（一般为秒分量极）。

氡气无色、无味，易被脂肪、橡胶、硅胶、活性炭吸附。常温下氡及子体在空气中能形成放射性气溶胶而污染空气。当存于大部分泥土及岩石（尤其是花岗岩）的镭放射分解时，便会产生氡气。氡气再经衰变，会形成一系列带辐射的微粒。当氡气或微粒被吸入肺部，部分会积聚并继续散发辐射，令吸入者患肺癌的机会增高。

2. 室内氡的来源

不同地段房间里的氡有多种不同的来源途径。室内氡的聚集主要是指氡的产生、向地表运移和进入室内的过程。氡迅速移到地表是引起室内氡聚集的一个重要原因。岩石或土壤中铀、钍等高含量是引起室内氡聚集的根本原因。

除了铀矿外，铀、钍在岩石中通常是作为微量元素存在的，但有时会被黏土或有机质吸附而富集。富集铀、钍等的岩石主要有各类花岗岩、富铁侵入岩、片岩、片麻岩、千枚岩、黑色页岩以及黏土等。灰岩与白云岩的主要风化产物黏土和铁的氢氧化物能有效地吸附铀和镭，风化灰岩的高渗透性和极细粒度使其成为极强的氡辐射源。

土壤中氡的浓度主要取决于土壤和基岩中铀、镭浓度，土壤射气能力、土壤孔隙度和渗透性及土壤的水气含量，季节变化，以及氡的扩散能力等。具体研究表明，土壤和下伏基岩中铀、钍、镭高浓度会造成严重的室内氡灾害，而高孔隙度和高渗透性的土壤会增加氡浓度，即使土壤中铀、镭浓度仅显示平均值，而大量含氡土壤气体会通过可渗透的土壤进入建筑物。

氡迅速逸出地表，是其可能对人体造成危害的前提。导致氡迅速逸出地表的主要因素是有合适的载体和通道。合适的载体主要指一氧化碳、甲烷、二氧化碳气体和一些地下水。合适通道主要指岩层中的各种断裂和破碎带以及高孔隙度、高渗透性的土壤等。

土壤的渗透性亦是导致室内氡聚集的重要原因之一。土壤的渗透性与氡通量成正比，即土壤渗透性强，则氡通量就大，反之氡通量就小。任何天然水中都有氡的存在，通常地下水中氡含量要比地表水（如湖水、河水）中氡含量高。那些直接来自地下水或铀矿区、油气田区的水源，氡浓度就更高了，而来自构造裂隙中地下水，其氡浓度有时也很高。大量取用这些高氡浓度的地下水，通过水的蒸发作用，如淋浴、洗衣等则可导致室内高氡浓度。

3. 氡的危害

氡及其子体能附着于空气中的气溶胶粒上，悬浮在空气中，当被吸入体内时，一些氡的短寿命固态子体即可沉淀在气管壁或肺叶上，造成氡及其子体衰变时产生的 α 粒子在人体内长期照射，使得身体受害组织或细胞（主要是肺器官）发生电离化，破坏脱氧核糖核酸（DNA）的分子结构，影响细胞的再生过程，并引起细胞染色体的畸变，由此引发癌病变。

氡及其子体一般可通过人体皮肤、呼吸道和消化道等途径进入人体内，如气态氡经皮肤吸收可达污染量的 10%，喝含氡生水也会对人体造成危害。但氡及其子体主要是通过对呼吸系统的内辐射等刺激作用引起慢性炎症和支气管肺癌。儿童要比成年人更容易受到伤害，这是因为儿童的呼吸频率高、肺容积小。

由氡污染引发的肺癌发病的潜伏期很长（15～30 年），因此，即使人们生活在高本底值的氡放射环境中，从吸入氡及其子体接受放射性辐射到人体发生癌变，通常需要很长时间，许多人在这种貌似"正常"环境中生活毫无知觉地受到氡的侵害，到晚年得了肺癌，而很少会有人认为是由于氡污染造成的。因而很难精确地统计出因室内氡污染引发的肺癌死亡率，正因为如此，其危害性更为可怕。现在，人们已经确信，氡是仅次于香烟的第二号致肺癌物质。据美国的资料表明，美国目前死于肺癌的人大约有 13 万，而其中由于吸入氡致死的达 5000～20000 人。

4. 居室的其他放射性辐射

在居室里所受到的辐射还来自电视机屏幕。电视机的屏幕可以发出 X 射线，国外有人对 14735 名工作人员进行调查发现，每周使用录像显示装置超过 20h 者，身体健康方面出现问题比其他正常人多 2 倍。美国的报道说，据对 27 名在荧光屏前工作的孕妇进行调查，其中有 14 人流产、1 人早产、3 人生畸形胎儿，危害人数达 66% 以上。可见荧光屏所发出的 X 射线对孕妇影响十分严重。

现代医学认为，长期接触小剂量的 X 射线，可使细胞核内的染色体受到损伤，而染色体是胎儿发育的遗传因子，一旦受到损伤，就会引起流产、早产，并可能导致胎儿中枢神经系统、眼、骨骼等严重畸形，甚至还会造成死胎。彩色电视机发出的 X 射线比黑白电视机多 20 倍左右。因此，妇女在怀孕期间最好少看电视，以避免辐射所造成的危害。

2.3　光环境

光是自然界不可缺少的。光是由电磁波组成的，包括红外光、紫外光、可见光。其中，对人体造成疾病的主要是紫外光和红外光。光对于人的整个机体的机能状态尤其是视觉机能有着重要的生理学意义。因为在人获得的各种信息当中，80%～85% 是通过视觉得来的。自然界的光完全来自太阳，因此室内自然光线的明暗，完全取决于房间窗户的大小和透明度。合理利用光照，可以建立舒适的居室环境。

光污染是指那些对视觉、对人体有害的光，光污染一是指"白色污染"，如商店和建筑物用大块镜面或铝合金装饰的外墙、玻璃幕墙等形成的光污染；二是指"人工白昼"现象，像酒店、商场和娱乐场所的广告照明、霓虹灯、工地施工作业场所使用的大功率照明灯，以及街道照明，运动场及广场照明等强光刺向天空形成的光污染。光污染可能引起生态破坏（比如光照引起动物活动异常）、交通事故，并且妨碍天文观测。光污染就像一个无形的杀手危害着人们的身体健康。

2.3.1　合理光照

合理的光照（特别是日照）对人的生理和心理健康都非常重要。因此，一般要求建筑尽量利用日照采光，为了使室内自然采光良好，窗户的设置需要遵守相关规范。《住宅设计规范》GB 50096—2011 第 7.1.4 条规定：卧室、起居室（厅）、厨房的采光系数不应低于 1%；第 7.1.5 条规定：卧室、起居室（厅）、厨房采光窗洞口的窗地面积比不应低于 1/7。另外，为了保证窗户的有效面积，两个窗户之间的墙宽不宜超过 1.5 ~ 2m，窗台的高度也不宜超过 0.8 ~ 0.9m。在前面有建筑物的情况下，由于阳光被前排建筑物遮挡，进入室内的光线必然减少，单一使用窗地面积比实际上不能反映这种情况下的室内采光。因此，环境卫生学上常用入射角和开角来反映这时的自然采光情况。

室内日照增加，不仅可以改善采光条件，还影响室内的温度。在冬季，通过太阳辐射，室内温度改变十分明显。

直射光透过采光口照射到室内，有时会造成照度不均匀，产生眩光与热辐射，损害室内物品。因而，要对采光口采取一定的遮光和控光措施，以调节光量，改善室内照度的均匀性，减少或防止眩光，创造一个舒适的室内光环境。

2.3.2　光污染对人体健康的影响

紫外光（位于日光高能区的不可见光线）对生物和人的危害主要是具有杀伤力和致癌作用，人们接触紫外线的时间越长，得病的概率越高。

长波紫外线（UVA）能穿透衣物和人皮肤，达到真皮深处，而且对表皮部位的黑色素也有一定的作用，可以引起皮肤黑色素沉着，使皮肤变黑，起到防御紫外线和保护皮肤的作用。长波紫外线对人体的危害不会引起皮肤急性炎症，但是对皮肤还会有一些缓慢的影响，如果经过长期积累，就会导致皮肤老化等严重后果。

当红外线照射体表后，有一部分被皮肤反射，而另一部分被皮肤吸收。对于反射的红外线而言，皮肤对其的反射程度与色素沉着的状况有关，当用波长 0.9μm 的红外线照射时，约有 60% 的能量被无色素沉着的皮肤反射，而约 40% 的能量被色素沉着的皮肤反射。一定强度的红外线照射下，皮肤会出现红斑，还会产生褐色大理石样的色素沉着，这主要与热作用加强了血管壁基底细胞层中黑色素细胞的色素形成有关。红外线还是一种热辐射的光波，可以对人体造成高温伤害，其伤害情况与烫伤相似。

长期在强光下工作的人，眼睛会受到深度伤害。人眼的感光度是可以自动调节的，若眼睛暴露很强的光线下过长的时间会造成眼睛损伤，导致暂时失明甚至永久失明。天气晴朗时，如果我们不采取任何保护措施直视雪地所反射的光将会导致"雪盲"。

对人眼造成危害的内部原因是光线中紫外线和红外线的存在。紫外线从眼睛外部进入内部，通过结膜、角膜、晶状体、玻璃体到视网膜，都会造成一定程度的损伤，紫外线使眼睛形成的翼状胬肉与长波紫外线辐射 UVA 及中波紫外线辐射 UVB 有密切联系。

彩光灯产生的紫外线大大高于阳光，长期处于其照射下，可诱发鼻出血、脱牙、白内障甚至白血病、癌症等疾病；对人的心理也会形成一定压力，出现头晕、神经衰弱等。溢射光照进邻近的住宅，影响居民的休息，长时间在光亮环境中睡眠，会使大脑神经得不到真正的休息，人就会神经衰弱。

2.3.3 预防光污染的措施

1. 改善玻璃幕墙材料遮光性能

合理的城市规划和建筑设计可以有效减少光污染。装饰高楼大厦的外墙、装修室内环境以及日用产品购买时尽量避免刺眼的颜色。室内由于装修用的玻璃砖、瓷砖之类材料尽量采用亚光砖。

2. 窗帘百叶类

由纱、布、绒或细竹篾等材料制成的窗帘，可起到透光和挡光的作用。这些材料的图案和色彩还起到装饰室内环境的作用。百叶多设置于朝南、东和西向的窗口。它由一排有倾角的铝制或塑料叶片组成，通过倾斜角的调整起到控光的作用。同时，它还通过光线的反射，增加射向顶棚的光量，提高顶棚的亮度和室内深处的照度。

3. 绿化

利用绿化来控光是一种经济而有效的措施，特别适用于低层建筑。可在窗外种植蔓藤植物，或在窗外一定距离处种植树木。根据不同朝向的窗口，选择适宜的树种、树形以及位置和高度。如果种植的是落叶性树木，那么它夏季繁茂，可以遮挡日光；冬季树叶凋零，日光可以入射室内，改善室内的采光量和日照。同时，绿化还可以起到净化空气、美化环境的作用。

4. 遮阳板

遮阳板可以遮挡太阳辐射，阻挡直射光线，防止眩光，使室内照度分布均匀，有利于正常的视觉工作。遮阳板的形式可分为水平式、垂直式、综合式和挡板式等。日照的意义还表现在其生物学效应上，在太阳光中，有一种波长较短的紫外线（波长小于390nm）能够透过普通的单层玻璃进入室内，产生种种影响。

2.3.4 合理接受太阳照射

1. 杀菌作用

众所周知，空气中存在着许多细菌和病毒。这些细菌和病毒在人体抵抗力减弱的时候，就会对人体健康产生危害，比如伤口感染、感冒等疾病。阳光射入室内，可以起到灭菌作用。对紫外线最敏感的是白色葡萄球菌，其次是绿色链球菌、溶血链球菌等。室内细菌的灭菌率，与进入室内的紫外线强度有关。阳光能够直接进入室内，南向房间的灭菌率大大高于北向的房间，灭菌率还随着日照时间的增加而增加。

另外，紫外线还能够杀死病毒。用一个15W的杀菌灯照射14m³大小的隔离室60分钟后，可以使空气中的流感病毒全部死亡。紫外线对某些毒素（白喉及破伤风毒素）也有破坏作用。但是紫外线的破坏毒菌作用，只有当细菌位于物体的浅表面时才有效。

2. 免疫作用

紫外线照射，可以增强机体的免疫作用。有人做过这样的试验，在体重20～22g的健康雄性小鼠背部皮下注射伤寒沙门氏菌悬液，然后将一部分小鼠直接避光饲养，另外的部分则分别在阳光下照射不同时间后再避光饲养。结果发现，七天后，未经阳光照射的小鼠无一只存活；而每天照射 1h 的小鼠存活率为 60%，每天照射 3h 的小鼠存活率为 70%。

3. 抗佝偻病作用

紫外线在预防和治疗佝偻病方面有独特的作用。有人认为，摄入维生素 D 可以预防佝偻病的发生，但是现在更多的人认为，仅有食物中的维生素 D 而没有紫外线的照射，不足以预防佝偻病。

2.4　其他物理因素

2.4.1　静电

静电的产生和积累受材质、杂质、物料特征、工艺设备（如几何形状、接触面积）和工艺参数（如作业速度）、湿度和温度、带电历程等因素的影响。人体带静电除工作原因之外，大多数都是由于摩擦或者天气干燥所形成的。穿化纤布料衣服、穿高绝缘鞋的人员在操作、行走、起立等也会导致人体带静电。使用化纤地毯和以塑料为表面材料的家具，会摩擦起电。

静电虽然无处不在，但对普通人并不会造成太大影响。但是，对于中老年人、慢性心脑血管病患者和亚健康人群具有较大的危害，需要在日常生活中加以注意。比如：卧室内尽量不放或少放家用电器，避免人体与电器在近距离产生电场而碰触起静电；用小金属器件（如钥匙）、棉抹布等先碰触可引起静电的大门、门把手、水龙头、椅背、床栏等消除静电，再用手触及，可避免受到静电击打；内衣、床单、被罩等尽量使用棉、麻、丝等天然纺织物；用木梳梳理头发能消除静电；房间要经常通风换气，可用加湿器保持室内的湿度，防止产生静电；看电视或用电脑后要及时清洗双手和面部，让皮肤表面上的静电荷在水中释放掉；电热吹风机、冰箱、洗衣机等电器的外壳也可携带静电，所以为了保证安全，必须将冰箱、洗衣机外壳妥善接地，这样做还能够防止电器外壳漏电发生的伤亡事故。

消除静电危害可适当多食用胡萝卜、西红柿以及香蕉、苹果、猕猴桃等含有大量维生素 C 的水果。食用带鱼、甲鱼可增加皮肤的弹性和保湿性，具有良好的除静电功能。

2.4.2　负离子

1. 负离子的形成与特性

空气中的气体分子如氧、氮等，都是由相同或不同的原子组成的。在原子中，有许多电子围绕着原子核按照固定的轨道运动，电子本身带有负电荷，而整个原子是中性的。但是当受到外界某种因素（主要有紫外线、氧及其子体、宇宙射线等）的作用时，原子中最外层的电子，在所受的能量激发下，就会摆脱原子核的束缚，从轨道上跃出来，成为自由电子。在这种情况下，分子气体因为失去了电子，原来的电中性就受到破坏，呈现正电性，变成正离子，跃出的电子被另外的中性气体分子俘获后，则此气体分子即呈现出负电性，变成负离子。

自然界的放射性物质，比如紫外线、放射性元素以及雷电等，不断使空气离子化。瀑布或海浪冲击等释放出的能量，能够使水滴分裂，游离出来的离子，也可以导致空气带电。空气离子产生率大约为每秒钟每毫升空气可以产生 5~10 对的正、负离子。但是空气中的离子并不会无限增多，因为离子会通过异性电荷的结合或固体、液体等表面吸附而不断消失。空气中的凝结核是影响离子存在的主要原因。在污浊的空气里，悬浮颗粒物污染明显，凝结核数量多，负离子的浓度就会相应降低，在阴雨天气里，空气湿度大，水气、雾气等凝结核增多，负离子的浓度也随之降低。

在一个有限的空间比如居室里，边界（墙壁）作用也是影响离子存在的重要因素。因为空气离子的消失不仅存在于空气内部，也存在于边界上，作热运动的离子扩散到墙壁等物体上，就可能被吸附或复合而消失，从而使离子浓度降低。

2. 负离子对健康的影响

空气正、负离子对人体健康产生的影响，由于它们各自所带的电荷不同而存在着极大的差异。一般来说，负离子对人体健康有利，能够起到镇静、催眠、镇痛、止痒、止汗、镇咳、利尿、增进食欲、降低血压等一系列作用。而正离子则恰恰相反，会引起失眠、头痛、心烦、寒热、血压升高等不良反应。

人们在一些被认为极端洁净的环境中，比如制作集成电路的超净工作间、电子计算机控制中心、潜艇或宇宙飞船的密封舱里，虽然恒温、恒湿、一尘不染，也有充裕的换气量，但是工作人员常常感到头昏脑涨，并且容易疲倦，甚至胸闷气郁，很不舒适。这就是因为在这些地方缺少空气负离子的缘故。

负离子还有改善肺换气机能的作用。在吸入负离子空气后，肺吸氧的功能可以增加 20%，二氧化碳的排出量可增加 14.5%。负离子还可以调节造血系统，使异常的血液成分趋于正常。负离子也可促进机体的新陈代谢，加速机体的氧化还原过程，增加免疫力。通常，在雷雨过后天空放晴的时候，人们感到空气格外清新，心情舒畅，这就是由于雷电的作用，使空气中负离子的数量骤然增加；相反，在狂风飞沙的时候，人们感到格外烦躁沉闷，是因为这种情况下空气中正离子的数量增加。

那么负离子为什么能产生这些作用呢？关于这个问题，目前还没有肯定和统一的解释。

一部分学者认为，空气离子能够影响组织中血清素的释放，从而影响植物神经系统的调节。高浓度的正离子可以使向血液中释放的血清素增加，引起心律加快，血压升高等一系列反应；而高浓度的负离子的作用则正好相反，因此能产生镇静、安眠、降血压等效应。负离子还能通过生化反应促使支气管内纤毛活动增加，有利于黏液的排出，所以对支气管哮喘有一定疗效。

另外一种解释认为，在生物机体中，每个细胞都像一个微型电池，它的膜内外有 50~90mV 的电位差。机体神经系统就是依靠这些"微电池"的不断充电和放电作用，才把视觉、听觉等各种信号输送到大脑，或将大脑的指令传送给各个器官。机体组织的电活动，要通过负离子的补充，否则，就会影响正常的生理活动，产生胸闷、头昏，甚至因此患病。

负离子对疾病还有一定的疗效。大量资料表明，空气负离子对支气管哮喘、上呼吸道黏膜炎、溃疡性口腔炎、过敏性枯草热（花粉热）、萎缩性鼻炎、高血压、神经官能症、偏头痛、失眠等，均能起到缓解、减轻症状及治愈作用。用负离子直接作用于烧伤患处，能使分泌量和感染数量显著减少，恶臭被控制、疼痛制止、痊愈加快，远比一般药物治疗效果好。需要指出的是，虽然空气负离子对健康有益，并且对某些疾病患者有很好的疗效，但是对空气负离子的反应并非每个人都一样。一般来说，负离子对非健康人、病人有显著的效应，而对正常人则可有可无，差别不大。

本章参考文献

[1] 李和平，郑泽根．居室环境与健康 ［M］．重庆：重庆大学出版社，2001.

[2] 黄宜鹤编著．居室环境与健康 ［M］．北京：中国环境科学出版社，1989.

[3] 孙孝凡．家居环境与人体健康 ［M］．北京：金盾出版社，2009.

[4] 石碧清，赵育，闫振华．环境污染与人体健康 ［M］．北京：中国环境科学出版社，2007.

[5] 侯亚娟，席晓曦．居家环境与健康 ［M］．北京：中国医药科技出版社，2013.

[6] 中国房地产研究会人居环境委员会．中国人居环境发展报告 ［M］．北京：中国建筑工业出版社，2012.

[7] 陈冠英．居室环境与人体健康（第二版）［M］．北京：化学工业出版社，2011.

[8] 杨周生．环境与人体健康 ［M］．合肥：安徽师范大学出版社，2011.

[9] 刘征涛．环境安全与健康 ［M］．北京：化学工业出版社，2005.

[10] 刘新会，牛军峰，史江红等．环境与健康 ［M］．北京：北京师范大学出版社，2009.

[11] 贾振邦．环境与健康 ［M］．北京：北京大学出版社，2008.

[12] 宋广生，吴吉祥．室内环境生物污染防控 100 招 ［M］．北京：机械工业出版社，2010.

[13] 王清勤．建筑室内生物污染控制与改善 ［M］．北京：中国建筑工业出版社，2011.

第3章 居室中的化学因素对人体健康的影响

清洁的空气是维持生命的基本要素。事实表明，一个人5个星期不吃饭，或5天不喝水，尚有生存的希望，但是如果断绝空气5分钟以上，就会死亡。一个人每分钟要呼吸十几次，每次大约需要吸入500mL空气。按照这样计算，一个人一天要呼吸空气约1万L（$10m^3$），吸入的空气重量比吃的食物要重10倍。空气中存在污染物势必导致空气中氧气的组分减少，污染物被吸入人体后，由于其浓度高于正常值，人体的生理机能就会受到不同程度的冲击，引起一些变化、障碍甚至疾病。

人们时时刻刻与空气之间发生物质循环和能量流动，而居室是人们生活的重要场所，因此，室内空气品质的好坏与人体健康关系密切。最容易受到室内污染空气影响的人群是孕妇、儿童、办公室白领、老人、患有呼吸系统或心脏病的人。

本章主要讲述居室环境中的化学因素对人体健康的影响，化学因素的作用往往不是独立的，而是协同作用，并且具有剂量-时间效应。

3.1 可吸入颗粒物（IP）

在空气动力学和环境气象学中，颗粒物是按直径大小来分类的，粒径小于$100\mu m$的称为总悬浮颗粒物（TSP），粒径小于$10\mu m$的称为可吸入颗粒物（PM_{10}），粒径小于$2.5\mu m$的称为可入肺颗粒物（$PM_{2.5}$）。可吸入颗粒物因粒小体轻，能在大气中长期漂浮，漂浮范围从几公里到几十公里，可在大气中造成不断蓄积，使污染程度逐渐加重。如果遇到气温逆增和无风的天气，就会形成雾霾。雾霾影响交通正常运行，影响人的身体健康。雾霾易引发抵抗力较弱的儿童和老人患上呼吸系统的疾病，特别是上呼吸道疾病，使原本患有呼吸系统疾病的病人病情加重，或者病程延长。

气象专家和医学专家认为，粒径在$10\mu m$以上的颗粒物，会被挡在人的鼻子外面；粒径为$2.5\sim10\mu m$之间的颗粒物，能够进入上呼吸道，部分可通过咳嗽吐痰等方式排出体外，对人体健康危害相对较小；而粒径在$2.5\mu m$以下的颗粒物，不但能进入肺部，还能进入肺泡甚至血液，因此$PM_{2.5}$的危害是最重要的，也是目前很多学者研究的重点。

3.1.1 可吸入颗粒物（IP）的一般性质

可吸入颗粒物的成分相当复杂，除含有一般尘埃、二氧化硅、石棉、炭黑以外，已鉴定出的有害物质有130多种，其中无机物30多种，包括铅、镉、镍、汞、铬、铁、砷等金属、类金属以及它们的氧化物等；还有多种有机物质，已鉴定出的有350多种，仅多环芳烃类就有40多种。室内经常可测出的有机物有50多种。可吸入颗粒物具有凝聚核的作用，能吸收大气中水分。各种金属、有害气体被凝聚核表面很强的吸引力吸附在悬浮颗粒物上。由此可知，可吸入颗粒物是多种有害物质进入人体的载体。

3.1.2　居室可吸入颗粒物的来源

居室环境中的可吸入颗粒物主要来自室外大气和室内人的活动。室外可吸入颗粒物来源主要是工业生产、交通运输、建筑工地扬尘、锅炉燃烧、垃圾焚烧等引起的悬浮颗粒物，通过门窗随空气进入室内，粒径较大的颗粒物在重力作用下会自然沉降到地面，粒径较小的（比如可吸入颗粒物）会悬浮在空气中。室内来源主要是生活炉灶、吸烟、蚊香、日常整理活动等。

3.1.3　人体防御系统

呼吸是可吸入颗粒物和其他有害物质进入人体的主要途径之一。所以，在通常情况下，首先受到可吸入颗粒物危害的就是人的呼吸系统。

呼吸系统，包括鼻腔、咽喉、气管、支气管、细支气管、由细支气管连接的呼吸细支气管、肺泡道、肺泡囊和肺泡。肺泡是内外气体交换站，一般成人大约有 7.5 亿个肺泡，其总面积可达 $90 \sim 130m^2$，肺泡壁外面布满了血管网。气体从鼻腔进入人体后，经过咽喉、气管等进入肺泡囊，在肺泡内和体内气体交换后，通过壁上的血管进入人体内。

呼吸系统对污染物也有防御功能。气体被吸入以后，首先经过鼻孔内的鼻毛过滤，一些粒径较大的悬浮颗粒物被阻留；气体进入鼻腔以后，能被覆盖于鼻腔内壁的血管网预热，以防过冷的外界空气刺激上呼吸道；鼻腔内壁黏膜层的细胞分泌出一种黏液，能粘附悬浮颗粒物微粒，还可以吸收空气中的水溶性气体，如二氧化硫等。从气管黏膜层杯状细胞、黏液腺和浆液腺分泌出来的黏液，分为两层覆盖在黏膜上，外层呈凝胶状，能粘附随空气侵入的微粒和细菌；内层呈溶胶状，气管、支气管黏膜上皮长出来的纤毛，在内层黏液中不停地向咽部摆动，起着清扫外层黏液所粘附的微粒、细菌的作用，把它们扫至咽部，并刺激咽喉，引起咳嗽，将其咳出或沿食道咽下，进入消化道，有的污染物经肠道被吸收进入血液中。气管黏膜的分泌液中有一种糖蛋白，具有润滑气道等作用；还含有免疫球蛋白和酶类。这种酶类既有抑菌和分解黏稠痰的作用，又有增强抗菌素药效等防御功能。在气管、支气管周围的平滑肌中，分布着迷走神经和交感神轻的感受器，当刺激性气体刺激迷走神经感受器时，就会引起气管、支气管的痉挛，使气道受阻。可吸入颗粒物等随空气进入肺泡，会被肺泡内的巨噬细胞吞噬，从而减少悬浮颗粒物对肺泡的直接损害，吞噬过微粒的巨噬细胞，有一部分可运动到气管被咳出，有一部分转送到肺门淋巴结；也有的因吞噬二氧化硅等尘粒，自身中毒致使细胞膜破裂而死亡。

由此可见，鼻毛、鼻腔及气管内膜所分泌的黏液、气管黏膜上皮的纤毛、肺泡和气管分泌液中的酶类以及肺泡中的巨噬细胞等，构成了整个呼吸系统的主御体系，它通过过滤、粘附、清扫、吞噬等一系列防御功能，保护着呼吸系统的健康活动。

当防御功能在空气污染物一次大量的冲击下，或在低浓度长期暴露的持续侵犯下遭到破坏，呼吸道就会受到损害，降低人体对病毒的抵抗能力，引起各种功能障碍或疾病。

3.1.4　可吸入颗粒物的危害

可吸入颗粒物的粒径大小不一，侵入呼吸道的着位点也不相同。粒径大于 $5\mu m$ 的可吸入颗粒物，绝大部分被阻留和粘附在鼻孔的鼻毛、鼻腔和咽部黏膜上的黏液中；粒径在 4.3～5.6μm 的悬浮颗粒物，大多分布在喉头附近；粒径在 3.1～4.3μm 的悬浮颗粒物，分布在气管和主支气管；2.1～3.1μm 的悬浮颗粒物，则更深入一步，分布在第二支气管；粒径小于 2μm 的悬浮颗粒物粒子，一部分分布在第二支气管，而相当在原部分则直接侵入肺泡，并在肺泡内沉积；仅有一小部分未来得及沉积就又被呼出气体带出。粒径小于 5μm，特别是小于 1 微米的细小颗粒物，除自身外，还在它表面上吸附各种有害气体和具

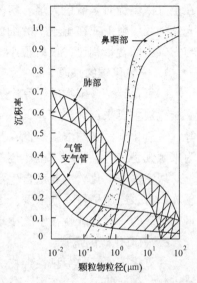

有很强致癌作用的苯并〔α〕芘等，大量侵入肺部，诱发组织癌变。由于不同粒径的颗粒物在吸入和呼出的气体中，能直接碰撞管壁，所以粒径不同的颗粒，在气管、支气管、肺部和呼吸道等不同的部位，都有一定的沉积率。悬浮颗粒物在呼吸系统的沉积率如图 3-1 所示。

颗粒物是各种污染物的载体，侵入机体后，呈现各种化学物质的特有毒性反应。对神经系统有毒性作用的铅、有机铅、汞、有机汞、锰、铊等；锌、铜、镉等产生金属热；汞、铀等引起肾病；铅、砷化氢以及可紊乱消化功能的汞、铅、砷、铊等对造血器官有影响；镍、铬、苯并〔α〕芘等具有致癌作用。

图 3-1 颗粒物在呼吸系统的沉积率

可吸入颗粒物对人体健康的危害大多表现为和其他污染物的协同作用。1952 年到 1962 年的 4 次伦敦烟雾事件，发现死亡人数有随着可吸入颗粒物浓度降低而减少的趋势。死亡人数虽然与二氧化碳浓度有一定关系，但在 1962 年的烟雾事件中，二氧化硫的浓度比 1952 年的高，死亡人数反而减少了 80% 以上。因此认为，伦敦烟雾事件主要是由悬浮颗粒物引起的，是由于颗粒物和二氧化硫的协同作用，造成死亡率的急剧上升。经病理解剖发现，死者多属急性闭塞性换气不良，因急性缺氧或引起心脏病恶化而死亡。这似乎可以认为是悬浮颗粒物危害的特征之一。

长期暴露在 PM_{10} 浓度为 0.20mg/m³ 的环境中，人群呼吸道患病率、就诊率、小学生咽喉炎患病率增加，小学生呼吸和免疫功能下降。

$PM_{2.5}$ 可引起肺部和全身炎症，增加动脉硬化、血脂升高的风险，导致心律不齐，血压升高等症状。国际研究发现，每年由于大气污染而死亡的人数约 80 万，其中最重要的原因就是可吸入颗粒物污染。如果 $PM_{2.5}$ 浓度能降低到 10μg/m³，由肺病导致早死的人数将减少 6%，肺癌人数将减少 8%。

3.1.5　可吸入颗粒物的卫生标准

《室内空气质量标准》GB/T 18883-2002 规定：可吸入颗粒物的卫生标准为日平均最高容许浓度 0.15mg/m³。

3.2 化学物质

3.2.1 一氧化碳（CO）

一氧化碳（CO）是一种无色、无臭、无味的气体，略轻于空气，密度为 $0.967kg/m^3$，在空气中燃烧时呈蓝色火焰。空气中的一氧化碳相当稳定，一般不易被破坏，只有在太阳光紫外线照射下或在土壤中的细菌作用下，才有一部分被氧化成二氧化碳。被氧化的数量与大气中的含量相比，仅占很小的一部分。

1. 一氧化碳的来源

一氧化碳是含碳物质不完全燃烧的产物，也可由某些工业和生物过程而产生。大气中一氧化碳主要来自大气反应、大洋表面以及森林和草地的火灾、火山、沼气和闪电过程等。一氧化碳污染的浓度高低，与大气压、湿度、温度以及风速等综合气象因素有关。人为来源则是各种燃料不完全燃烧的结果。

居室里一氧化碳主要来自生活炉灶和吸烟。室内的一氧化碳几乎不能被氧化成二氧化碳，只有靠通风稀释降低浓度。因此，如果室内长时间不打开门窗，由于炊事、取暖、吸烟等引起的一氧化碳就在空气中不断蓄积。

2. 一氧化碳的危害

一氧化碳属于内窒息性毒物。空气中的一氧化碳浓度达到一定高度，就会引起种种中毒症状，甚至死亡。环境中一氧化碳浓度与中毒症状见表 3-1。

环境中一氧化碳浓度与中毒症状　　　　　　　　　　　　　　　　　表 3-1

CO 浓度（mg/m^3）	接触时间（h）	症　　　状
10	21	无自觉症状、辨别能力下降
50	1	
20～30	6～8（动态）	无自觉症状，认识能力、精神活动力降低
50	6～8（动态）	无自觉症状、心脏搏出量增大
100	6～8（动态）	轻度头痛（前额紧迫感）、胸闷
250	2（动态）	头钝痛、焦躁、情绪不定、误认、健忘
500	1（动态）	剧烈头痛、恶心、吐、晕、看不清、意识错乱
500	2（动态）	严重错乱、幻觉、步行失调、虚脱
1000	1	意识丧失、呼吸缓慢、昏睡、久置致死

表 3-1 说明：急性中毒临床可分为三级：①轻度中毒，患者有头疼、头晕、心跳加快、恶心、呕吐、四肢无力等症状，脱离现场，呼吸新鲜空气后即可好转，数小时后症状消失。②中度中毒，除上述症状外，面霜潮红，口唇呈樱桃红、脉快、烦躁、步态不稳、

意识模糊甚至昏迷。及时脱离有毒环境进行抢救，苏醒较快，1～2 天内可恢复。③重度中毒，患者迅速进入昏迷，昏迷持续数小时或数昼夜。频繁抽搐、大小便失禁、面唇呈樱桃红色，常伴发中毒性脑病、心肌炎、吸入性肺炎等。

一氧化碳对心血管系统的损害十分严重。一氧化碳对人的窒息作用造成体内缺氧，从而引起心肌局部缺氧，就会使那些因动脉硬化而冠状动脉严重狭窄的人出现临床症状。对于正常人来说，心肌氧压的降低会引起冠状动脉中血液流量的增加，从而使输入心肌的氧恢复到正常水平，但对于动脉硬化的人来说，血管就不能适应这种变化。洛杉矶医院曾研究过环境中一氧化碳与心肌梗塞的关系，结果表明，心肌梗塞造成死亡与环境中一氧化碳的污染程度有着一定的关系。

脑血管病患者对一氧化碳比较敏感，因为少量的碳氧血红蛋白就能对高级脑机能产生严重影响。对北京市某区受到不同污染程度的地区进行调查发现，脑血管病死亡率与一氧化碳污染有关。一氧化碳对脑部的损伤，还可导致脑组织水肿、软化（坏死）、髓梢变性等；并能引起神经精神后发症或迟发性脑病；还能引起慢性神经衰弱症状。

一氧化碳还能通过母体的血液输送到胎儿体内，影响下一代人智能的发育，严重的会引起流产。因此，妇女怀孕期间应尽量避免接触一氧化碳，严禁吸烟。

3. 一氧化碳的毒理

一般说来，一氧化碳主要是妨碍人体血液中血红蛋白（Hb）的输氧能力。在呼吸的时候，从空气中吸入氧气（O_2），与血液中血红蛋白结合成氧合血红蛋白（O_2Hb）；一氧化碳进入体内以后，则和血红蛋白结合成碳氧血红蛋白（COHb），1 个血红蛋白分子能同时和 4 个一氧化碳分子结合。一氧化碳与血红蛋白的亲合力比氧与血红蛋白的亲合力大 300 倍，相反，碳氧血红蛋白的解离度却比氧血红蛋白低 3600 倍，这就是说，一氧化碳比氧更容易与血红蛋白结合，而形成的碳氧血红蛋白又非常稳定。因此，一氧化碳进入体内以后就很容易取代氧的地位，如果人体接触一氧化碳超过一定浓度和时间，体内碳氧血红蛋白就会升高。随着碳氧血红蛋白的升高，就会导致低血氧症，发生组织缺氧，严重时引起呼吸系统麻痹致死。一氧化碳不仅能与血红蛋白结合，而且能和肌红蛋白结合，损害线粒体功能，影响氧从毛细管弥散到细胞内；一氧化碳还能和线位体中细胞色素结合，阻断电子传递而抑制组织呼吸。

在一氧化碳的暴露可导致碳氧血红蛋白达 10% 或更低水平时，对人体机能和结构就会产生影响。由于中枢神经系统较体内其他系统对缺氧更为敏感，人们即使在比产生临床征兆和症状浓度低得多的一氧化碳暴露，亦会削弱警觉性和减弱理解力，并影响精细工作的完成。当碳氧血红蛋白超过 2.5% 时，将会削弱警觉性和感觉能力。可以确认，心脏和呼吸系统有毛病的人，更易受到一氧化碳的影响，碳氧血红蛋白的升高，可以改变病人心脏机能和心绞痛发作时间。种种现象说明，当碳氧血红蛋白在 2.5% 左右时，就可能影响氧的摄入和输送。

吸烟者的体内碳氧血红蛋白明显高于非吸烟者碳氧血红蛋白水平，且与吸烟量呈正相关。这是因为在吸烟过程中产生大量一氧化碳吸入体内的缘故。

当然，一氧化碳对人类的危害并不是绝对的。事实上，在人体内的新陈代谢，在细胞内的氧化过程中，也能产生微量的一氧化碳。这种一氧化碳与静脉血液中的血红蛋白结合成碳氧血红蛋白，随静脉血流送进入心脏内，再转入肺泡，在进行气体交换过程中被解离，然后被呼出体外。这种由体内各种细胞氧化所产生的一氧化碳，叫做"内源性"一氧化碳，对维护和调节体内气体运行的平衡起着重要作用。

4. 煤气中毒的急救

在一些通风不良的房间里，冬季取暖常常造成"煤气中毒"事故，煤气中毒实质上就是一氧化碳中毒。一氧化碳中毒是相当危险的。中毒者虽然理智清醒，但是四肢无力，失去控制，甚至想站也站不起来。这是因为，一氧化碳中毒以后，引起体内缺氧，导致窒息；另一方面，一氧化碳对支配肌肉运动的神经末梢，即肌肉与神经的结合点有麻痹作用。当支配手脚运动的各个神经末梢被一氧化碳麻痹以后，即使大脑处于清醒状态，也无法指挥手脚行动。因此，一氧化碳中毒者是很难自己抢救自己的，必须由他人及时抢救。

在抢救一氧化碳中毒者时，首先必须让患者在保持平静状态下迅速转移到空气新鲜、温度适宜的地方，千万不能随便扭动患者。因为患者体内已经处于严重缺氧状态，而任何动作都会多消耗氧气，造成体内更加缺氧。这样反而有加速其死亡的可能。急性一氧化碳中毒常常会留下一些后遗症，如健忘、工作能力降低、精神异常等。长期储存在大脑中的各种信息都会遭到破坏，有时健忘程度相当严重，甚至忘记自己亲人的姓名。

防治措施：①一旦发现急性中毒患者，要立即移至新鲜空气处，并注意保暖，轻度中毒者常于吸入新鲜空气或吸氧后迅速好转。②中度重度患者，在以上急救措施后应立即送医院抢救治疗。③定期检查煤气设备，防止漏气。④热水器必须由专业人员安装，安装后必须验收合格后才能使用。⑤在淋浴或取暖时一定要通风，切忌紧闭门窗。

5. 一氧化碳的卫生标准

卫生标准：《环境空气质量标准》GB 3095-2012 规定，一般居住区环境空气中 CO 浓度为 $10.00mg/m^3$（标准状态）（1h 平均）；$4.00mg/m^3$（日平均）。《室内空气质量标准》GB/T 18883-2002 规定，室内空气中 CO 浓度为 $10.00mg/m^3$（标准状态）（1h 平均）。

3.2.2 甲醛（HCHO）

甲醛（HCHO）是无色、具有强烈气味的刺激性气体。甲醛的密度略大于空气（是空气密度的 1.06 倍），易溶于水，其 35% ~ 40% 的水溶液通称福尔马林。此溶液沸点为 19.5℃，故在室温时极易挥发，随着温度的上升挥发速度加快。

1. 甲醛的来源

甲醛污染主要出现在新装修的家庭和办公室，由于装饰装修广泛使用了含有脲醛树脂的木质人造板材或者含醛类的水溶性涂料。脲醛树脂中的游离甲醛和降解时产生的甲醛都可以释放出来，污染空气。聚合脲醛树脂的降解是一个长期不间断的过程，所以由于装饰装修引起的甲醛污染持续的时间很长，有可能长达 15 年。少量甲醛污染来源于生活用品，比如：化妆品、清洁剂、防腐剂、油墨、纺织纤维、某些衣料和免烫服装等。家用燃料和不完全燃烧的烟叶中也含有甲醛。

2. 甲醛的危害

众多研究证实，室内气态甲醛对人体健康的影响涉及：遗传毒性和致癌作用、免疫系统毒性反应、眼部和呼吸道刺激作用、细胞的氧化损伤作用、生殖毒性等。

气态甲醛的遗传毒性主要作用于甲醛接触部位和代谢器官，比如口腔颊黏膜细胞、鼻黏膜细胞和肝细胞等，靶分子为核 DNA（nDNA）和线粒体 DNA（mtDNA）。北京大学公共卫生学院和北京大学人民医院耳鼻喉科采用挑选病例和对照各 100 例流行病学研究方法来探讨过敏性鼻炎与甲醛浓度的相关性。结果发现，卧室甲醛浓度超过国家室内空气质量标准时，患过敏性鼻炎的危险增加了 2.4 倍，且母亲患有过敏性鼻炎也增加了其子女过敏性鼻炎发生的可能性。甲醛的免疫毒性主要表现为免疫活性的提高，高浓度甲醛可以诱发过敏性鼻炎和支气管哮喘。甲醛诱导型哮喘发作严重时可以导致人死亡。受气态甲醛氧化损伤最严重的是肝脏细胞，其次是心、肺、肾细胞；而脑和睾丸细胞的氧化损伤比较轻微。根据流行病学研究，低浓度气态甲醛的暴露可能与孕妇的自发性流产有关，使月经紊乱人数增加，并使不孕率升高。动物毒理学研究也表明甲醛是一种生殖毒物。甲醛能使雄性小白鼠精子数显著减少，并使精子畸形率显著增加；甲醛能对雌性小鼠的动情周期及卵巢造成不良影响。

甲醛对健康的影响主要表现在导致嗅觉异常、过敏、肺功能异常、肝功能异常、免疫功能异常等方面，而且个体差异很大。大多数报道甲醛的作用浓度均在 $0.12mg/m^3$ 以上。空气中甲醛浓度达到 $0.06 \sim 0.07mg/m^3$ 时，儿童就会发生轻微气喘；$0.1mg/m^3$ 时，就有异味和不适感；$0.5mg/m^3$ 时，可刺激眼睛，引起流泪；$30mg/m^3$ 时，会立即致人死亡。

美国职业安全与卫生研究所（NIOSH）已将其列入人类可以致癌物，认为可以增加胃癌、鼻咽癌和肺癌的危险性。游离甲醛有辛辣刺激性气味，当人吸入后，轻者有鼻、咽、喉部不适和烧灼感以及流鼻涕、咽痛、咳嗽等症状；重者感到胸部不适、呼吸困难、头痛、心烦等；更甚者发生口腔、鼻腔黏膜糜烂、喉头水肿、痉挛等。长期超量吸入甲醛可引起鼻咽癌、喉头癌等多种严重疾病，对身体健康构成严重威胁。

3. 甲醛的卫生标准（见表 3-2）

世界各地的室内甲醛浓度的指导限值与最大容许浓度　　　　表 3-2

国家或组织	限值（mg/m^3）	备　　　注
WHO	<0.08	总人群，30min 指导限值
中国		居住区一次最高容许浓度为 $0.05mg/m^3$，室内最高容许浓度为 $0.08mg/m^3$；公共场所室内最高容许浓度为 $0.12mg/m^3$
丹麦	0.13	总人群，基于刺激作用的指导限值
德国	0.10	总人群，基于刺激作用的指导限值
芬兰	0.13	对老或新（1981 年为界）建筑物的指导限值
意大利	0.12	暂定指导限值
荷兰	0.12	标准值，基于总人数刺激作用和敏感者致癌作用
挪威	0.06	推荐指导限值
西班牙	0.48	仅适用于室内安装脲醛树脂泡沫材料的初期
瑞典	0.11	指导限值，室内安装胶合板或补救措施控制水平
瑞士	0.24	指导限值

续表

国家或组织	限值（mg/m³）	备注
美国	0.10	美国 EPA
日本	0.12	室内空气质量标准
新西兰	0.12	室内空气质量标准

3.2.3 氨（NH₃）

氨为无色气体，有强烈的刺激性臭味，易溶于水，水溶液呈弱碱性。

1. 居室中氨的来源

居室内的氨气主要来源于混凝土防冻剂。近年来，建筑行业在冬季施工时，在水泥等建筑材料中加入尿素和一定量的氨水，可提高抗冻能力。但是冬季施工的这类建筑，夏季气温升高，墙体就会释放大量的氨气引起室内氨气浓度超标。虽然这种施工措施已被禁止，但是，由于粪尿、汗液、体表散发的气体以及蔬菜、食物腐败后产生的氨气也会导致室内氨气超标。

2. 氨的危害

氨对上呼吸道有强烈的刺激和腐蚀作用，人对氨的嗅觉阈是 $0.5 \sim 1.0 mg/m^3$。氨的浓度达 $9.8 mg/m^3$ 时，尚不产生刺激作用。达到 $67.2 mg/m^3$ 时，吸入 45min，鼻咽喉部、眼部就产生刺激作用，此时如果离开现场，几分钟后不适感即可消失。氨气浓度达到 $140 \sim 210 mg/m^3$ 时，不适感即很明显。如果浓度再升高，人体难以忍受，氨气浓度达 $3500 mg/m^3$ 以上，可立即导致死亡。大型理发店中氨的浓度可达 $28.8 mg/m^3$，理发店的工作人员经常受到氨气的危害。氨的危害有以下几个方面：

（1）NH_3 对眼睛、鼻黏膜及上呼吸道有强烈的刺激作用。轻度中毒时，会发生鼻炎、咽炎、气管炎、咽喉痛、咳嗽、咯血、胸闷、胸骨后疼痛等症状，还能刺激眼睛，导致结膜水肿、角膜溃疡、虹膜炎、晶状体浑浊甚至角膜穿孔，严重中毒时，可出现喉头水肿、声门狭窄、窒息、肺水肿。

（2）NH_3 的溶解度极高，极易被吸附在皮肤黏膜和结膜上，对接触的皮肤组织有腐蚀和刺激作用，可使组织蛋白变性，破坏细胞膜结构，减弱人体对疾病的抵抗力。

（3）NH_3 浓度过高时还可通过三叉神经末梢的反射作用引起心脏停搏和呼吸停止。

3. 氨的卫生标准

《室内空气质量标准》GB/T 18883 - 2002 规定，室内空气中 NH_3 为 $0.2 mg/m^3$（1h 平均浓度）。

3.2.4 二氧化碳（CO₂）

二氧化碳（CO_2）是无色无臭的气体，高浓度时略带酸味，相对密度比空气大。二氧化碳可凝结成固体，俗称"干冰"。正常空气中，二氧化碳含量约为 $0.03\% \sim 0.04\%$。

1. 居室中二氧化碳的来源

对于人类来说，二氧化碳和氧气同样重要。居室中二氧化碳的来源主要是燃料燃烧、吸烟、人呼吸呼出的二氧化碳、植物释放的二氧化碳等。

（1）燃料燃烧产物　炊事活动燃用的煤、燃气和液化石油气，都是含碳化合物，这些含碳化合物不充分燃烧生成一氧化碳，充分燃烧生成二氧化碳。燃料使用越多、通风越不良，室内二氧化碳的浓度就越高。这是室内二氧化碳的主要来源。

（2）人的呼出气　人体的气态代谢产物主要是二氧化碳，人在吸气和呼气时气体成分不同，成分的变化见表3-3。一个成人在安静状况下每小时呼出二氧化碳约22.6L左右，儿童约为成人的一半，如果室内人员多、居住拥挤、通风不良，二氧化碳量就明显上升。这是居室内二氧化碳的另一个主要来源。

呼气和吸气成分的变化　表3-3

成　分	吸气（%）	呼气（%）
二氧化碳（CO_2）	0.03	4~5
氧气（O_2）	20.93	16.89
氮气（N_2）	78.10	79.20

（3）吸烟　室内吸烟产生二氧化碳，抽烟还会引起室内其他污染加剧，比如悬浮颗粒物浓度升高、一氧化碳浓度升高等。

（4）室内动植物的呼吸作用　家庭饲养宠物、花木都能由于新陈代谢而排出二氧化碳。

2. 二氧化碳的危害

空气中含有一定比例的二氧化碳，有人认为二氧化碳对人体没有危害。低于0.07%浓度的二氧化碳对人体是没有危害的（敏感者除外）。但是，二氧化碳浓度超过一定范围后，可对人体产生危害。在呼吸过程中，氧和二氧化碳通过肺泡进行交换。空气中的二氧化碳浓度升高，会对人体产生种种不良影响，比如动脉、静脉二氧化碳分压升高，导致中枢兴奋，表现出呼吸加深、加速、心率加快、舒张压升高、脉压差减少等。有实验指出，人体吸入1%和2%的二氧化碳，两个小时内无异常感觉，吸入3%的二氧化碳，数分钟后开始出现呼吸加深，如果继续延长至40min，开始出现头痛、头晕现象；吸入4%的二氧化碳，很快就感到呼吸加深，甚至呼吸困难，5min时间就出现头痛、头晕现象。这些症状在吸入正常空气后就全部消失。通常，人们认为二氧化碳的毒性时间-浓度曲线为：吸入2%的二氧化碳10min，1.6%的二氧化碳40min，1.4%的二氧化碳80min，呼吸就会加深。由二氧化碳引起的生物指标的变化，以肺功能最为明显。从表3-4可以看出，肺功能变化与二氧化碳浓度之间存在着高度的正相关关系。

不同二氧化碳浓度对肺功能的影响　表3-4

二氧化碳浓度（%）	1.01	2.00	3.00	4.00
肺通气量增加	25	42	79	171
呼吸频率增加	3.4	11.8	15.8	22.8
吸气量增加	18.3	26.8	52.9	119.5
肺泡 CO_2 分压增加	0.85	6.0	11.1	17.3

人对二氧化碳的耐受程度可达0.15%。空气中二氧化碳含量达0.3%时，人体呼吸加

深；长时间吸入浓度达 0.4% 的二氧化碳时，会出现头晕、头痛、耳鸣、眼花等神经症状，同时血压升高；室内空气中二氧化碳浓度达 0.8%～1.0% 时，会导致呼吸困难、脉搏加快、全身无力、肌肉由抽搐转至痉挛、神智由兴奋转向抑制。在居室环境中，空气中的二氧化碳增多往往伴有氧气缺少，二者的影响同时存在。

人体呼出二氧化碳的同时，也伴随呼出其他气体。当室内空气中二氧化碳浓度达 0.07% 时，室内的其他气体也达到一定浓度，敏感者会有所感觉。当室内空气中二氧化碳浓度达 0.1% 时，就会使较多的人感到不舒服。所以，二氧化碳可作为表示室内空气是否清洁、通风换气是否良好的指示指标之一。

3. 二氧化碳的卫生标准

《室内空气质量标准》GB/T 18883－2002 规定，室内空气中二氧化碳的体积分数为 0.10%（日平均值）。

3.2.5　二氧化硫（SO_2）

二氧化硫（SO_2）是一种无色气体，具有强烈的刺激性气味，对空气的相对密度为 2.26，能溶于水。二氧化硫进入呼吸道后，因其易溶于水，故大部分被阻滞在上呼吸道，在湿润的黏膜上生成具有腐蚀性的亚硫酸、硫酸和硫酸盐，使刺激作用增强。浓度在 0.9mg/m³ 或稍大于此浓度就能被大多数人嗅到。

1. 二氧化硫的来源

大气中的二氧化硫主要来自含硫矿物质的燃烧。二氧化硫在空气中受到氧化铁的催化作用，就会被氧化为三氧化硫（SO_3），三氧化硫很容易吸收空气中的水蒸气，形成酸雾或酸雨，对人体健康和农作物等造成损害，并且腐蚀器物。

室内二氧化硫来源于含硫燃料的燃烧和室内烟草不完全燃烧。室内没有二氧化硫污染源时，室内二氧化硫主要来源于室外空气中含有的二氧化硫。室外空气引起的二氧化硫污染，一般浓度较低。

二氧化硫是一种易被吸附的气体，在基本不通风的条件下，室内建筑物表面、地毯、家具、衣物、被褥等可吸附二氧化硫。此外，二氧化硫在日光照射或某些金属氧化物的催化作用下，也可生成三氧化硫和硫酸，二氧化硫浓度逐渐衰减。在通风条件下，二氧化硫很快被稀释，浓度降低。实验表明，在每小时 20 次的换气次数情况下，11.2min 二氧化硫可衰减到原始浓度的 1/4，1h 后二氧化硫就可接近本底水平。

2. 二氧化硫的危害

（1）二氧化硫对呼吸系统的危害

二氧化硫通过呼吸进入气管、支气管后被上呼吸道和支气管黏膜的富水性黏液吸收。二氧化硫刺激上呼吸道平滑肌内末梢神经感受器，产生反射性收缩，使气管和支气管腔变窄，气道阻力增加，肺功能降低。长期吸入低浓度二氧化硫，造成反复的支气管缩窄，黏液腺增生、肥大、黏液大量分泌，成分改变；纤毛上皮细胞减少，排运功能受抑制；气道上皮受损、坏死及气道上皮细胞增生，平滑肌肥大，细支气管周围纤维组织增生，造成慢性气道阻塞，细菌易于停留，引起感染性肺疾患。二氧化硫深入肺泡还可损伤肺泡巨噬细胞；影响肺泡表面张力；造成毛细血管扩张和渗出等病理改变。总之，长期的二氧化硫作用可使机体发生慢性鼻炎、咽炎、慢性支气管炎、支气管哮喘、肺气肿。严重者甚至发生肺水肿。吸入极高浓度的二氧化硫可引起窒息死亡。

（2）对大脑皮质机能及人体内维生素代谢的危害

低浓度二氧化硫可使脑电波阻断，光敏感度增加；二氧化硫可与维生素 B1 结合，使体内维生素平衡失调，影响机体新陈代谢。

（3）二氧化硫与其他污染物的联合作用对人体的危害

二氧化硫污染一般都伴随有 CO、NOx、颗粒物、有机物等其他化学物的污染。二氧化硫与其他污染物的联合毒性作用比单独危害作用大得多。二氧化硫吸附在可吸入颗粒物上，可进入肺深部，毒性作用明显增强，并可引起支气管哮喘发作；二氧化硫与 CO 或 NOx 的相加、协同作用可降低二氧化硫的有害作用阈值；二氧化硫与苯并［α］芘联合作用可增强苯并［α］芘的致癌作用。

由于个体对二氧化硫耐受性不同，二氧化硫引起的刺激阈值也有所差异。一般人的二氧化硫嗅觉阈为 $0.85 \sim 2.85 mg/m^3$。美国陆军环境医学研究所对人体运动能力影响实验表明，二氧化硫对健康人的亚极量运动能力的阈浓度为 $2.86 \sim 8.58 mg/m^3$，哮喘病个体阈浓度可低至 $0.57 \sim 1.43 mg/m^3$。动物试验表明，二氧化硫影响动物大脑皮质机能状态的作用阈为 $5 mg/m^3$，长期吸入 $2.5 mg/m^3$ 的二氧化硫时，可出现类似轻度支气管肺炎变化。长期吸入二氧化硫浓度为 $1 mg/m^3$ 以上时，大鼠尿粪卟啉排出量降低，血中 RNA 和 DNA 含量降低。而长期吸入 $1.09 mg/m^3$ 的二氧化硫时，未出现呼吸系统慢性改变，表明二氧化硫对动物的慢性作用阈为 $1 mg/m^3$ 左右。

（4）二氧化硫的其他危害

如果二氧化硫形成酸雾，其毒性比二氧化硫大 10 倍，更是给人类带来了严重危害。酸雾对树木、谷物及蔬菜均可造成伤害；牛、马、猪、羊、狗等由于酸雾引起疾病或死亡。二氧化硫可以腐蚀空中架设的输电线路中金属器件和导线等，缩短其使用寿命。二氧化硫还能够改变建筑材料的颜色，降低皮革的强度。日常用品也常常受到二氧化硫的腐蚀，例如水壶用久了壶底发黄变脆就是由于二氧化硫和氟化氢的作用所致。希腊雅典的古城堡以及那些精美绝伦的大理石雕塑，由于酸雨的侵蚀而失去了昔日的丰姿神采；矗立在纽约的自由女神铜象，也披上一层厚厚的铜绿；我国重庆江边的元代摩崖石刻，更是被酸雨洗得面目全非；酸雨对农作物的危害也相当严重。

3. 二氧化硫的卫生标准

《环境空气质量标准》GB 3095-2012 规定，二氧化硫的二级标准为 $0.15 mg/m^3$（日平均），$0.50 mg/m^3$（1h 平均）。《室内空气质量标准》GB/T 18883-2002 规定，室内空气中二氧化硫为 $0.50 mg/m^3$（1h 平均）。

3.2.6 氮氧化物（NOx）

氮氧化物（NOx）是氮的氧化物的总称。NOx 包括 N_2O，NO、NO_2、N_2O_3、N_2O_4、N_2O_5。空气中除 NO_2 较稳定、NO 稍微稳定外，其他氮氧化物都不稳定，且浓度较低；所以，通常所指的氮氧化物主要是 NO 和 NO_2 的混合物。是空气中常见的主要污染物，是光化学烟雾和酸雨的重要前提物。

1. 氮氧化物的来源

少量 NO 具有扩张血管和增强免疫能力等功能，研究者因此获得诺贝尔奖。同时，NO

也是破坏臭氧层的催化剂。但 NO 在空气中不稳定，可以很快转化成 NO_2，所谓 NOx 的危害主要是 NO_2 的危害。NO_2 具有生物学意义。

室内 NO_2 浓度不仅受室外区域环境污染的影响，还与家庭炊事模式、通风换气率、测定位置以及室内污染强度有关。

2. 氮氧化物的危害

氮氧化物不易溶于水，因此能直接侵入肺泡，和肺泡内的巨噬细胞作用，释放出一种蛋白分解酶，破坏肺泡，导致肺气肿。在气管和肺泡的分泌液中，含有一种抗蛋白分解酶，能防御蛋白分解酶的破坏作用，而且在肺泡表面还有一种肺表面活动物质——脂蛋白复合体，维护肺表面张力。但当二氧化氮等有害气体达到一定程度，就会引起脂蛋白复合体过氧化，使肺泡表面张力增大，吸引毛细血管内的水分向肺泡内和肺泡间质转移，使肺泡浸漫于水中，导致肺水肿。另外也有人认为，氮氧化物进入肺泡后，可以缓慢地溶于肺泡表面的水分中，形成亚硝酸和硝酸，对肺组织产生强烈的刺激和腐蚀作用而引起肺水肿。尽管解释不同，但结论都一致，就是氮氧化物能够导致肺水肿。

氮氧化物中，二氧化氮的毒性比一氧化氮高 $4 \sim 5$ 倍。在一般情况下，污染物以二氧化氮为主时，对肺的损害比较明显，如上所述：污染物以二氧化氮为主时，对中枢神经的损害比较明显，并可导致高铁血红蛋白症，这是因为二氧化氮在肺泡中形成亚硝酸后，以亚硝酸盐的形态进入血液，与血红蛋白结合而生成高铁血红蛋白，能引起组织缺氧，造成窒息性危险。

目前认为，低浓度的氮氧化物的慢性毒害作用表现为引起神经衰弱症，严重时导致肺部纤维化。二氧化氮对支气管哮喘病也有一定的影响。而且对心、肝、肾以及造血组织等均有影响。二氧化氮是否有致癌性还有待研究。

人体实验表明，空气中二氧化氮浓度为 $0.2 \sim 0.4$ mg/m^3 时即可嗅知。NO_2 对机体产生危害作用的各种阈浓度值见表 3-5。

NO_2 对机体产生危害作用的各种阈浓度值　　　　　　　　　　　表 3-5

操作作用的类型	阈浓度（mg/m^3）	操作作用的类型	阈浓度（mg/m^3）
嗅觉	$0.2 \sim 0.4$	短期暴露使敏感人群肺功能改变	$0.3 \sim 0.6$
呼吸道上皮受损，产生病理学改变	0.4	对肺生化功能产生不良影响	0.6
肺对有害因子抵抗力下降	$0.8 \sim 1$	使接触人群呼吸系统患病增加	0.2
短期暴露使成人肺功能改变	$1.2 \sim 4$	WHO 建议对机体产生损伤作用	0.94

虽然氮氧化物由于难溶于水而直接侵入深部呼吸道，对眼睛和上呼吸道的刺激作用较小，但是，如果空气中氮氧化物浓度达到 $60 \sim 150$ mg/m^3 时，可以立即引起鼻腔和咽喉的刺激，并发生咳嗽和喉头及胸部的灼烧感，吸入新鲜空气后，上述症状即可消失，但有延迟效应，在吸入后 $6 \sim 24$h 又可能发生胸部紧缩和灼烧感、呼吸促迫、失眠不安，并可发生肺水肿、呼吸困难、昏迷，甚至死亡。幸存者也有可能再发生肺炎。

3. 氮氧化物的卫生标准

我国针对工作和生活环境做了不同的容许浓度。《工作场所有害因素职业接触限制》GBZ 2.1-2007 规定，NO 短时间接触的容许浓度为 30mg/m^3。《环境空气质量标准》GB

3095-2012 规定，一般居住区环境空气中 NO_2 为 0.12mg/m³（二级，日平均值）；0.24 mg/m³（三级，1h 平均质量浓度）。《室内空气质量标准》GB/T 18883 - 2002 规定，室内空气中 NO_2 为 0.24mg/m³（1h 平均质量浓度）。

3.2.7 苯及苯系物

1. 苯及苯系物的来源

苯及其同系物甲苯、二甲苯均为无色、透明、有芳香味的液体，挥发性强，主要用作有机溶剂及化工原料。甲苯毒性较苯低，近年来大量被用来代替苯作为橡胶、树脂的溶剂及油漆、喷漆、油墨等。二甲苯毒性较甲苯小，用作油漆、农药的溶剂及苯、甲苯的代替品。室内主要来源是装饰装修用的油漆、胶等。

2. 苯及苯系物的危害

苯主要经呼吸道吸入和经皮肤吸收吸入，体内的苯主要是靠呼吸和肾脏代谢。呼吸进入人体的苯及苯系物 35% ~60% 未经转化即由呼气排出、约 40% 于体内转化为酚类再与硫酸根及葡萄糖醛酸结合由尿中排出、约有 15% ~20% 蓄积于体内含脂肪较多的组织，逐渐转化为代谢产物排出。

苯及苯系物的毒性作用表现为对皮肤黏膜有较强刺激作用。急性中毒时表现以麻醉作用为主，慢性时则主要为抑制造血系统。苯及苯系物中毒时可出现眼及呼吸道黏膜刺激症状，不久出现头痛、头晕、酒醉感、倦怠、无力及恶心、呕吐。继之神志恍惚，步态不稳，此时如及时离开污染环境，短期内可恢复。重度中毒时可发生昏迷、惊厥，呼吸表浅，脉搏细速，最后可因呼吸麻痹而死亡。

苯及苯系物对生殖功能也有一定的影响，并导致胎儿先天性缺陷，长期接触有引起膀胱癌的可能。孕妇、乳母禁忌参加作业场所空气中苯浓度超过最高允许浓度的各种作业。

3. 苯及苯系物的标准

《环境空气质量标准》GB/T 18883 - 2002 规定，室内空气中苯最高容许质量浓度为 0.11mg/m³（1h 平均）。《地表水环境质量标准》GB 3838 - 2002 规定，苯的质量浓度为 0.01mg/L。《室内空气质量标准》GB/T 18883 - 2002 规定，室内空气中甲苯最高容许质量浓度为 0.20mg/m³（1h 平均）。《地表水环境质量标准》GB 3838 - 2002 规定，甲苯的质量浓度为 0.07mg/L。《室内空气质量标准》GB/T 18883 - 2002 规定，室内空气中二甲苯最高容许质量浓度为 0.20mg/m³（1h 平均）。《地表水环境质量标准》GB 3838 - 2002 规定，二甲苯的质量浓度为 0.5mg/L。

3.2.8 TVOC

总挥发性有机化合物（TVOC）多指沸点在 50 ~250℃ 的化合物，按其化学结构的不同，可以进一步分为 8 类；烷类、芳烃类、烯类、卤烃类、醛类、酮类和其他类。非工业性的室内环境中，可以见到 50 ~300 种挥发性有化合物。TVOC 可有嗅味、有刺激性，而且有些化合物具有基因毒性。

1. TVOC 的来源

TVOC 的主要来源在室外，主要来自燃料燃烧和交通运输。室内主要来自燃煤和天然气等燃烧产物、吸烟、采暖和烹调等的烟雾,建筑和装饰材料,家用电器,家具、清洁剂和人体本身的排放等。在室内装饰过程中,TVOC主要来自油漆、涂料和胶粘剂。据报道,室内TVOC浓度通常在$0.2 \sim 2mg/m^3$之间,而在不当装修施工中,甚至可高出数十倍。室内多种芳香烃和烷烃主要来自汽车尾气($76\% \sim 92\%$)。一般油漆中TVOC含量在$0.4 \sim 1.0mg/m^3$。由于TVOC具有强挥发性,一般情况下,油漆施工后的10h内,可挥发出90%,而溶剂中的TVOC则在油漆风干过程只释放总量的25%。

2. TVOC的危害

TVOC都以微量和衡量水平出现。TVOC能引起机体免疫水平失调,影响中枢神经系统功能,出现头晕、头痛、嗜睡、无力、胸闷等自觉症状;还可能影响消化系统,出现食欲不振、恶心等,严重时可损伤肝脏和造血系统,出现神经毒性作用(出现变态反应等)。

一般认为,正常的、非工业性的室内环境TVOC浓度水平还不至于导致人体的肿瘤和癌症。当TVOC浓度为$3.0 \sim 25 mg/m^3$时,会产生刺激和不适,与其他因素联合作用时,可能出现头痛;当TVOC浓度大于$25 mg/m^3$时,除头痛外,可能出现其他的神经毒性作用。

3. TVOC的卫生标准

《住宅设计规范》GB 50096-2011规定,TVOC$\leqslant 0.5$(mg/m^3)(一类建筑)。《室内空气质量标准》GB/T 18883-2002规定,室内空气中TVOC最高容许质量浓度为$0.60mg/m^3$(8h均值)。

3.2.9 臭氧(O_3)

臭氧(O_3)是有特殊臭味的气体,是O_2的同素异形体。纯净的O_3呈淡蓝色,主要存在于距地面$10 \sim 50km$的高空,具有强氧化性,吸收紫外光,具有消毒等作用。适量的O_3对人体生理机能有益处。具有较强的化学活性,强氧化剂、高效消毒剂,可作为生活饮用水和空气的消毒剂使用。

1. 臭氧的来源

环境中的臭氧主要有两个来源:一种来自于自然产生,比如大气上层的氧气在太阳光紫外线的照射下会生成臭氧;另一种来自人类活动,比如高压放电会产生臭氧。工业生产环境中会产生臭氧,比如,电器开关开启瞬间的高压电、吊扇高速旋转的翼刀与空气摩擦的高压静电、臭氧生成器等都会产生臭氧。室内臭氧的主要来源是家用电器(臭氧消毒器、电视机、复印机、负离子发生器、紫外灯、电子消毒柜等)在使用过程中产生臭氧。臭氧属于光化学污染产物。

由于臭氧具有杀菌消毒、防腐保鲜、除臭、除异味等功能,所以广泛应用于消毒柜和冰箱中。

2. 臭氧的危害

室内臭氧浓度达到一定程度时,会对人体健康产生影响。臭氧浓度为$0.1 mg/m^3$时,引起鼻和喉头粘膜刺激;浓度为$0.1 \sim 0.2mg/m^3$时,哮喘发作,上呼吸道疾病恶化,刺激眼睛。长期生活在含有臭氧的环境中,会引起神经中毒,头晕头痛、视力下降、记忆力衰退。臭氧会对人体皮肤中的维生素E起到破坏作用,致使人的皮肤起皱、出现黑斑。臭氧还会破坏人体的免疫机能,诱发淋巴细胞染色体病变,加速衰老,致使孕妇生畸形儿。另外，臭氧会阻碍血液输氧功能，造成组织缺氧，使甲状腺功能受损，骨骼早期钙化，还可诱发淋巴细胞染色体畸变，损害某些酶的活性和产生溶血反应等。

3. 臭氧的卫生标准

《环境空气质量标准》GB 3095-2012 规定，O_3 的二级标准为 $0.16mg/m^3$（1h 平均）。《室内空气质量标准》GB/T 18883-2002 规定，室内空气中 O_3 为 $0.16mg/m^3$（1h 平均）。

3.3 氟（F）污染

氟（F）是非金属性最强的元素。F 在常温下几乎可与任何其他元素相互作用，自然界中不存在单体氟，以化合态广泛存在，在空气中一般以氟化氢存在。氟为淡黄色气体，具有强烈的刺激性臭味。氟是人体的元素，而过量氟可致氟中毒。

3.3.1 氟的来源

地方性氟中毒（以下简称地氟病）是一种世界性的地方性疾病，根据污染物的来源不同，地氟病分为饮水型、燃煤污染型和饮茶型三种类型。室内空气中的氟主要来源于煤的燃烧。据测定，煤的含氟量为 0.8～116mg/kg，某些地区使用的石煤含氟量达到 694mg/kg，燃烧过程中排放的氟化物，造成居室空气污染。此外，每个人每天还从水和食物里，摄入了不同程度的氟化物。氟进入人体的途径是呼吸、饮水、饮茶、药物等。

3.3.2 氟的危害

1. 对呼吸系统的危害

高浓度的氟可产生明显的眼及上呼吸道黏膜刺激症状，严重时可发生支气管炎、肺炎，甚至引起反射性的窒息。但是引起上述症状的氟的浓度一般少见。大多数情况下氟的浓度较低。这种情况下，主要表现为慢性中毒，发生上呼吸道慢性炎症，骨骼及牙齿受损。上呼吸道黏膜的损害有鼻咽部黏膜充血、干燥或溃疡，嗅觉减退，声音嘶哑，干咳等症状。

2. 对牙齿的危害

氟对牙齿的危害程度不同，轻者牙齿表面粗糙，失去光泽，出现白色不透明的斑点；有的牙齿表面有明显的黄色、黄褐色或棕褐色斑纹（称为着色型）；重者，除有上述表现外，牙面出现浅窝状或花斑样缺损，凹凸不平，呈剥脱状，或有严重磨损，牙齿外形不完整，称为缺损形。儿童还会出现斑釉症。

空气中氟含量越高，斑釉症的发病率也就越高，发病程度也越严重。但是在氟斑牙流行的地区，氟斑牙的发病率与龋齿的发病率呈现出密切的负相关性。例如洛阳新安县某村，6～14 岁的中小学生，氟斑牙检出率为 56.71%，龋齿检出率仅为 6.76%，而在 50km 外的某对照村，氟斑牙检出率为 6.67%、龋齿检出率则高达 48%。

3. 对人体骨骼的损害

氟对骨骼的损害表现为腰痛、四肢酸痛和关节活动障碍等症状，这种症状称为氟骨症。患者尿氟增高，不少患者有头痛、头昏、心悸、乏力等神经衰弱症候群。

氟骨症患者具有五项体征：双手上举不能到 180°、拇指摸不到对侧肩胛骨下角、曲肘手指不能达肩、中指摸不到对侧耳廓、无法自主完成下蹲动作，如图 3-2 所示。

图 3-2　氟骨症体征

氟斑牙多发生于恒牙，是氟中毒的早期表现，患有氟斑牙的人不一定发生氟骨症。如果成年以后长期受到氟污染，可能引起氟骨症，但也不一定患有氟斑牙。

3.3.3　氟的卫生标准

《环境空气质量标准》GB 3095-2012 规定，空气中氟化物（换算成 F）为 $0.007mg/m^3$（日平均），$0.020mg/m^3$（1h 平均）。《生活饮用水卫生标准》GB 5749-85 规定，氟化物为 $1.0mg/m^3$。

3.3.4　地氟病

地氟病是由自然环境氟含量偏高引起的地方病，在我国云南、贵州、宁夏、山西、黑龙江等地流行。但是在一些自然环境氟含量正常的地区，由于使用含氟量高的煤作为生活燃料，造成严重的室内空气氟污染，也可以引起类似地氟病的各种疾病，如河南洛阳地区、湖南湘潭、贵阳郊区等地的某些局部地区。这些地区自然环境中氟含量较低，但是氟中毒的患病率却很高。饮水、加氟牙膏、氟化物治疗骨质疏松、含氟香烟及燃料性氟污染等，使人群经过空气、水、食物、药物等各种途径摄入氟导致的健康危害已远远超过单纯由于地理因素而引起的地氟病。

饮水型地氟病主要分布在我国的京、津、冀、豫、鲁、晋、陕、甘、东北三省以及内蒙古等部分地区，这些地方的水含氟量超过 1.5mg/L。减少饮水型氟污染应以改水降氟为原则。常用的方法有：人工降氟（沉降）法有明矾法、三氯化铝法、过磷酸法及骨炭法等；改用低氟水源，如引用江、河、水库的地面水，打低氟的深井以及收集、储备天然降水等。做好预防不仅能控制新发，而且对原有的氟骨症患者也可起到一定治疗作用。在低氟地区可因地制宜适当在水中加氟。

燃煤污染型地氟病区主要分布在西南地区；燃煤型地氟病主要分布在我国贵州一些地区、陕南安康等地。燃煤型氟污染主要是由于病区家庭长期习惯使用敞炉灶燃煤生活取暖，在这些地区的广大农村主要以玉米和辣椒为主食，这些主食收获时正值梅雨季节，为了迅速干燥玉米和辣椒不致霉变，将它们挂在室内，农民便燃煤（当地煤丰富，价格低）直接烘烤玉米、辣椒，燃煤排放的含氟烟尘直接污染室内存放的玉米、辣椒等食物，这些食物的氟含量超过国家标准数十到数百倍，生活在这一环境中的人群长期过量摄氟引起慢性蓄积性中毒，导致地氟病。国家在除氟改灶上做了很多工作，如图3-3所示，现在已经改善很多。

饮茶型地氟病区主要分布在习惯饮用砖茶的地区。茶树是一种富氟植物，它能选择性地从土壤、大气中吸收氟，在体内贮存，贮存时间越长，氟含量越高。生长期长的茶树叶片十分粗老，自北宋以来，砖茶便是用这种粗老叶片和枝条加工而成。长期饮用含氟量高的茶叶会引起氟中毒，以氟斑牙最为常见。

图3-3　改良炉灶图

除上述提出的改善地氟病的措施外，还应该多吃新鲜蔬菜和水果等富含维生素C的食物，可以阻遏氟中毒的发生和发展。

3.4　厨房油烟污染

世界卫生组织指出，全球范围内每20s就有一人因为家庭厨房油烟污染而丧命。迄今为止，全球仍有一半地区在使用动物粪便、柴草、煤炭作为燃料。燃烧所放散发的烟尘混杂有多种有毒颗粒物和有毒化学物质，严重威胁人类健康。厨房油烟污染很容易使人患上支气管炎或是肺炎之类的呼吸类疾病。有调查研究显示，我国南方妇女患肺癌的几率远大于北方妇女，就是因为南方的烹调方式多采用煎、炒、炸，而北方多食用炖菜。下面主要介绍烹调油烟对人体健康的危害。

3.4.1　烹调油烟的污染

烹调油烟是食用油和食物在高温加热的条件下，经过一系列的复杂变化产生的热氧化分解产物，其中部分分解产物以烟雾的形式散发到空气中，形成油烟。一般人们会把这种厨房里特有的味道称为香味，其实，这香味背后是隐藏着危险的，烹调油烟中含有很多种对人体健康有危害的物质。

1. 烹调油烟中的污染物

烹调油烟是一种混合型污染物，成分比较复杂，且组分和毒性与食用油的品种、加工精制技术、变质程度、加热温度、加热容器以及烹调对象的种类和品质有关。烹调油烟的组分是很复杂的，高温分解作用是这些污染物主要的产生过程。不同条件下的污染物也不相同。食用油加热到170℃时就有少量的烟雾产生，随着温度的继续升高，分解速度加快，当温度达到250℃时，即产生大量的油烟。用气相色谱和质谱分析烹调油烟检测出了220多种组分，有醛、酮、烃、脂肪酸、醇、芳香族化合物、酯、内酯和杂环化合物等，并有十多种多环芳烃以及挥发性亚硝胺、杂环胺类化合物等致突变和致癌物质。假想如果温度不够高，许多污染物是可以不产生的，而我国的传统是高温烹调，炒菜的温度通常在250℃以上，因此，我国厨房油烟污染状况较国外严重。

厨房烹调油烟主要是含碳燃料及有机物热解过程中的产物，流行病学专家研究表明：采用煎、炒、烤、烘等烹调加工工艺时，烹调油在270℃温度下会发生分解，分解后的烟气中含有多环芳烃苯并［α］芘、苯并蒽。其中苯并［α］芘具有致癌性。常见烧烤食品中苯并［α］芘的含量分别为：香肠：$1.0 \sim 10.5 \mu g/kg$；熏鱼：$1.7 \sim 7.5 \mu g/kg$；烤牛肉：$3.3 \sim 11.1 \mu g/kg$；烤焦的鱼皮：$5.3 \sim 760 \mu g/kg$；烤牛排（直接火烤）：$50.4 \mu g/kg$。冰岛人胃癌发生率很高就是因为他们爱吃含有苯并［α］芘的烟熏食物。

2. 卫生标准

厨房和卧室分开的居室较厨卧不分的居室油烟污染严重，但是，并没有规定房间内油烟的卫生标准。目前，只能看到单项污染物的卫生标准，比如，《室内空气质量标准》GB/T 18883-2002 规定，室内空气中苯并［α］芘最高容许质量浓度为 $1.0 mg/m^3$ （日平均）。

3.4.2 烹调油烟对健康的危害

1. 肺部毒性

烹调油烟中多种挥发性有机物刺激呼吸道副交感神经末梢和受体，引起保护反射，呼吸道收缩、呼吸阻力增加；烹调油烟还引发脂质的过氧化反应，可以使肺表面活性物质（磷脂类物质）过氧化，肺表面活性物质可以降低肺泡的表面张力而加大了肺泡的弹性阻力，使肺的顺应性降低，肺不易扩张，从而降低肺活量。长期接触烹调油烟者，这种损伤作用会持续加强。据研究，长期吸入烹调油烟对肺泡巨噬细胞有一定的损伤作用。肺泡巨噬细胞的功能下降可以使呼吸道疾病和肺癌发生的危险性增强。

动物实验表明，吸入烹调油烟可引起大鼠肺部炎症和组织细胞损伤，中性粒细胞增多，乳酸脱氢酶、碱性磷酸酶和酸性磷酸酶呈不同程度的增加。这些都对肺部的正常功能有所影响。

2. 免疫毒性

多数研究发现，烹调油烟能影响机体的体液免疫、细胞免疫、巨噬细胞功能、抗肿瘤效应、免疫监视功能，从而使机体的免疫功能下降。烹调油烟的长期接触能改变 T 细胞及其亚群的数量、比例、功能等，从而影响机体细胞免疫功能。烹调油烟对淋巴细胞增加和转化功能以及红细胞免疫功能都有一定的影响。

3. 致突变性与致癌性

烹调油烟中含有多烷芳羟、杂环胺类、丁二烯等多种致癌物直接攻击 DNA 而使 DNA 单、双链断裂或形成 DNA-蛋白交联。如果这些损伤不能及时正确修复，则该损伤将随细胞分裂遗传给下一代细胞产生基因突变。突变细胞若反复受到烹调油烟或其他致癌因子、促癌因子等共同作用，则细胞通过突变积累而最终发展成为癌细胞。因此，烹调油烟对人体具有潜在的致癌危险性，对 DNA 的损伤可能是烹调油烟导致人和动物恶性转化的重要机制之一。

研究表明，烹调油烟致突变活性受烹调温度、方法和时间的影响，温度升高，致突变性有增强的趋势，煎炸次数多的油烟样品比次数少的样品有较强的致突变性。

4. 生殖毒性

研究表明，烹调油烟能干扰精子的发生与成熟，并可能对子代造成不良影响。有报道，雄性大鼠吸入烹调油烟一定时间后，睾丸、附睾重量减轻，精子含量和存活率显著下降，而畸形率明显增加，同时烹调油烟对雄性动性腺具有毒性作用。

5. 氧化特性

当大量油烟附着在皮肤表面，不仅可以妨碍皮肤的正常呼吸和新陈代谢，而且其中的有害物质还可以渗透进入皮肤，促进皮下脂肪氧化，刺激皮肤细胞，容易造成皮肤提前衰老。

烹调油烟的成分复杂，导致其对人体危害机理也十分复杂，尽管目前有了一定研究，但还需要进一步的研究和探索。

3.4.3 预防厨房油烟污染

厨房污染主要来源于油烟，所以在预防厨房污染方面主要从油烟入手。

（1）改变烹调方式，变煎炸炒为煮炖。烹饪食品时不要让油烟加热至冒烟，油温越高，油烟会越多，危害也就越大。

（2）使用精制食油。选购高质量的食用油，掌握辨识地沟油的要领，远离劣质油品，以免带来更大的污染。

（3）正确使用抽油烟机。使用抽油烟机或排气扇，烹饪结束后最少延长排气 10min。在排油烟机停用的情况下，只要燃烧几分钟，氮氧化物就超过标准 5 倍，而一氧化碳气体可超过标准的 65 倍以上。因此，在烧菜煮饭过程工作中，排油烟机应全程工作。打开炉灶前即打开抽油烟机，烹调结束几分钟后再关掉，尽可能将厨房内残留的有害气体排出去，以免危害人体健康。同时，灶具应安排在排烟道附近，无排烟道的厨房灶具要尽可能安排在靠近窗户的地方，利于油烟排放。

（4）经常开窗通风。厨房应经常开窗通风，保证抽油烟机运行时能起到换气的作用。

（5）绿化厨房环境。厨房内摆放的绿色植物能够吸收空气中的有害气体，也能吸附油烟。

3.5 吸烟污染

吸烟是一种不健康的生活习惯，吸烟是居室的主要污染源之一。世界卫生组织为了引起世界各国对吸烟问题的重视，1988 年确定 4 月 7 日定为世界戒烟日，自 1989 年起，世界无烟日改为每年的 5 月 31 日。

3.5.1 吸烟引起的污染

1. 烟草中的污染物

烟草中的污染物的来源有：（1）烟草产地的土地污染，如重金属离子；（2）烟草种植过程中施用化肥，化肥中可能含有放射性物质；（3）烟草中固有的尼古丁。烟草在燃烧的过程中，会产生大量污染物，比如，烟草燃烧不完全产生物质——煤焦油、CO 等。据研究表明，烟草烟气中肯定致癌物有多环芳烃、亚硝胺类、氯乙烯、砷、镍、甲醛等，不少于 44 种。

烟草中含有尼古丁，是一种生物碱，具有神经毒性，但可以刺激人类神经兴奋，长期使用耐受量会增加，但也产生依赖性。据研究，三支卷烟或半支雪茄烟中含有的全部尼古丁就可以使人致死，但吸烟的人吸入的尼古丁只是其中很少的一部分。人在摄入一定量的尼古丁之后，就会产生"烟瘾"。这种所谓"烟瘾"，事实上是由于吸烟者对使用尼古丁调节自身的精神状态逐渐习惯，因而对烟产生了依赖心理，和吸入吗啡等能够产生生理依赖性的成瘾药剂情况是不同的。事实上，吸烟不仅对吸烟者本人有害，而且危及吸烟者周围的其他人，对其他人来说，即是"被动吸烟"，并且造成一定程度的空气污染。

有人对不受炊事影响的农村住宅居室内空气污染状况作了调查，发现在室内有人吸烟的情况下，主要污染物浓度都有所增加。有报道指出，在无人吸烟的室内可吸入颗粒物浓度为 $24.4\mu g/m^3$，在有 1 人吸烟时，即可增加到 $36.5\mu g/m^3$，增加约 50%；而有 2 人以上吸烟时，则可增加到 $70.4\mu g/m^3$，增加了 1.89 倍之多；而同期室外浓度仅为 $1.1\mu g/m^3$。据估计，室内有人每天抽一包烟，可以使可吸入颗粒物浓度增加 $20\mu g/m^3$。香烟烟气中的有害物质大都吸附在颗粒物上，因此室内由吸烟引起的颗粒物浓度增高，则各种有害物质的浓度必然相应增高。

2. 吸烟方式与危害

吸烟的方式可谓五花八门，比如烟斗、旱烟袋、水烟袋、香烟、卷烟、鼻烟、嚼烟、雪茄等。在这些吸烟方式中，以吸香烟和卷烟患肺癌的危险性最大，烟斗、雪茄次之，水烟袋危险最小。

现在，许多香烟都加了过滤嘴。吸烟者希望过滤嘴能够把烟中的有毒物质过滤掉，事实上这只是吸烟者的一厢情愿。目前香烟过滤嘴主要有两种：一种是醋酸纤维素过滤嘴，滤芯长 15mm，使用较为广泛；另一种是高效活性炭过滤嘴，两端各有 2mm 厚的醋酸纤维，中间夹有 15mm 厚的优质活性炭，滤嘴一端尚有空段，可以套在烟上抽吸，因此可以重复使用数次。但是无论哪一种，都很难将烟中的有害物质大量除掉。据美国报道，每吸 10 支无过滤嘴香烟，吸入的烟焦油为 275mg，而吸 10 支带过滤嘴的香烟，也吸入了 222mg 的烟焦油，过滤嘴的滤除效率仅在 20% 左右。上海医科大学进行了国产纸烟过滤嘴滤毒效果的比较指出，活性炭过滤嘴和醋酸纤维过滤嘴对烟焦油的去除率分别为 34.3% 和 28.9%。从这些结果来看，无论使用什么样的过滤嘴，都不能消除吸烟带来的危害。

3.5.2　吸烟的危害

吸烟除了大家都熟知的可以诱发肺癌以外，还可以引起多种疾病，专家们认为，大约有 1/4 的癌症及大部分呼吸道疾病和心血管病与吸烟有关。

1. 吸烟与肺癌

有人在尸体解剖检查和研究中发现，重度吸烟的人，其支气管有广泛的组织变形，并且有变成癌前病灶的可能。此外，支气管黏膜上的纤毛消失，上皮基底细胞增殖，并出现不规则染色的多核异型细胞。这些改变在肺癌患者中普遍存在，但是在不吸烟的人中却很少见。由此可见，吸烟与肺癌是有密切关系的。

为了证实吸烟与肺癌有关，科学家们做了大量的动物实验。有人使狗通过人工气管每天使之吸入 7 支纸烟，29 个月过后，发现这只狗已经患上典型的鳞状气管癌。

吸烟之所以能够导致肺癌的产生，主要因为在烟雾中含有大量致癌物质，被吸入后长期直接作用于支气管的上皮细胞和肺泡，使支气管上皮细胞和肺泡受到严重损害。据分析，重度吸烟的人，每天共有 2～3h 是处在烟雾的有害物质中，日积月累，支气管上皮细胞和肺受到损害较大，最后导致发生肺癌。如果停止吸烟和接触烟雾，患肺癌的危险性就会减小。英国的一些医师，戒烟后肺癌的发病率迅速下降，戒烟 15 年的，肺癌发病率仅为不吸烟者的 3 倍。由此可见，减少肺癌发病率的办法就是戒烟。

2. 吸烟与呼吸系统疾病

烟雾通过呼吸首先进入人体的呼吸系统，其中有害物质对呼吸道细胞有刺激性、毒性、腐蚀性，并直接破坏呼吸道的自然防御功能，由于烟雾中的有害物质长期不断地刺激支气管黏膜，破坏了组织细胞，引起咳嗽和支气管收缩、黏液分泌亢进、纤毛摆动停滞，使吸烟的人支气管很容易受到细菌感染，结果形成急性或慢性支气管炎，主要症状有咳嗽、吐痰、胸闷、胸痛、肺功能下降等。随着吸烟年数的增加，支气管炎越来越严重，进而造成代偿性肺气肿。

气管炎的严重程度与吸烟数量紧密相连，肺气肿的发生频度，吸烟者比不吸烟者要高 1 倍，而且肺气肿的严重程度与吸烟量之间呈现出平行关系。国外有人报道吸烟量与慢性支气管炎和肺气肿死亡率的关系时指出，每天吸烟 1～9 支者的死亡率是不吸烟者 4.6～5.3 倍；每天吸烟 10～20 支者的死亡率是不吸烟者的 4.5～14 倍；每天吸烟 21～39 支者的死亡率是不吸烟者的 4.6～17 倍；每天吸烟 40 支以上者的死亡率是不吸烟者的 8.3～25.3 倍。

3. 吸烟与心血管病

心血管病发病率和死亡率不断增加与吸烟有关，而且随着吸烟量的增加而增长，尤其 45～54 岁的中年人，吸烟者缺血性心肺病死亡率较不吸烟者增加 1～2 倍。吸烟也是诱发心肌梗塞的主要原因。有人认为，吸烟可以使心肌梗塞大约早发 10 年，特别是高胆固醇症和高血压患者，如果大量吸烟，则发生心肌梗塞的危险性要高 10 倍。吸烟不仅可以加剧冠状动脉粥样硬化，而且还能影响到脑部和腿部的血液供应。

引起这些症状的主要因素是尼古丁和一氧化碳。由于烟中的尼古丁刺激交感神经节细胞，促进肾上腺髓质释放儿茶酚胺，儿茶酚胺能提高血小板的粘着性和血吸脂类的放度，增高心律不齐，儿茶酚胺的释放并能引起，心搏过整，血压升高，从而加重了心脏的负担。尼古丁还可以促使脉壁增厚，容易发生动脉粥样硬化，这种现象发生在心脏冠状动脉，就形成冠心病。

烟雾中的一氧化碳浓度很高，一般可以高达大气最高允许放度的数百倍至上千倍。吸烟可以使血液中的一氧化碳浓度升高，产生大量碳氧血红蛋白，妨碍了对心肌氧的供给，造成心肌缺血、缺氧，导致心脏功能衰弱，心肌组织坏死和损伤，出现心肌梗塞的症状。

4. 吸烟与喉癌、口腔癌

早在 1902 年，人们就发现烟草的刺激可以导致口腔癌。口腔癌包括舌癌、龈癌、口底癌、颊黏膜癌和颚部的癌肿等。烟雾和烟焦油在人体的口腔里最先聚集，有很多成分马上和口水溶合在一起，并且很快使口咽部、舌咽部、咽喉及鼻腔等受到波及。

每一位吸烟者的口腔黏膜上，都有炎症增生的情况，严重者粉红色的黏膜角化增生发白，这种变化叫咽白斑。经常衔纸烟的上下唇黏膜，由于燃烧时的灼伤和致癌物质的刺激，使唇部和舌尖上产生更明显的烟白斑。白斑是癌的前期变化，可以变成鳞状上皮癌。

5. 吸烟与膀胱癌

邻氨酚是人体新陈代谢中色氨酸的中间产物，具有致癌作用。吸烟的人把烟雾中的有毒物质吸入后，使身体在新陈代谢中产生的邻氨酚增多。经过化验，发现在吸烟者的尿中含有高浓度的邻氨酚。膀胱长期受到邻氨酚的刺激，癌变的可能性增大。

6. 吸烟与脑血管疾病

吸烟能够促进全身血管硬化和形成高血压，进而导致脑血栓和脑溢血。脑血栓和脑溢血是脑血管发生障碍的疾病，是由高血压、脑血管硬化后产生痉挛、破裂引起的，可以造成四肢瘫痪，语言、视觉、听觉障碍或半身不遂等严重后果。据国外的调查分析，45～74岁的男性吸烟者比同年龄的不吸烟者，患脑血栓和脑溢血的死亡率高37%～50%；女性死亡率更高，吸烟者死亡率比不吸烟者高38%～111%。吸烟所以能够促进血管硬化和高血压，是由于烟叶中尼古丁的毒性作用长期刺激产生血管收缩、痉挛，可以使脑动脉血管壁逐渐变厚、失去弹性、管腔变得狭小，使血液量减少，久之形成血管硬化和高血压。同时，尼古丁对植物神经系统的刺激，也使血管和心脏之间神经控制活动发生紊乱，进而使高血压病恶化。

7. 吸烟与眼睛疾病

烟毒性弱视是吸烟对眼睛最常见的危害。弱视，就是矫正视力≤0.8或两眼视力差≥2行。吸烟会导致弱视的原因，一方面是由于吸烟时人体吸入的氧气被消耗，致使血中氧的含量下降，而视网膜对缺氧格外敏感，长期下去，视神经纤维会发生变性，视网膜乳头黄斑区也会发生萎缩；另一方面，烟草燃烧时产生的烟焦油会导致体内维生素B的含量下降，而维生素B12是维持视神经正常功能所必需的营养物质。这两者共同的影响，使得吸烟者视力下降而发生弱视，严重者可致失明。

据医学家调查，在白内障病人中有20%与长期吸烟有关。也有人观察到，每天吸烟20支以上的人与不吸烟者相比，患白内障的可能性要高2倍，且吸烟量越大，患白内障的可能性越大。

吸烟时吸入的尼古丁及一氧化碳等有害物质会使血管收缩、血小板凝集力亢进，由此导致视网膜中央血管栓塞、黄斑变性等致盲性眼病的发生。临床还观察到，吸烟者有时会有一过性眼压升高的现象，这在青光眼患者中尤为明显，青光眼病人本来眼压就高，如果再吸烟，无疑是雪上加霜。

3.5.3　吸烟对青少年的影响

青少年吸烟损害身体健康且带来很多疾病。据一次抽样调查统计，我国15岁以上的吸烟者占36.6%，而且年龄在年轻化。也有一些地方13～15岁之间的青少年中有60%经常吸烟，男孩较多，由于被动吸烟，女孩子是最易受伤害的。因为一个习惯往往始于年青时代。青少年吸烟害处多，不仅增加日后致癌的概率，而且对智力影响也大。因为青少年正处于生长发育阶段，机体容易吸收有害物质，香烟中的一氧化碳经肺进入血液与血液中的血红蛋白结合形成碳氧血红蛋白，降低了血红蛋白与氧的结合力，使血液的含氧量下降，大脑供血量不足，人的注意力就会分散，感觉迟钝，思维能力出现障碍，记忆力下降。有一项调查结果显示，吸烟的学生成绩一般比不吸烟的学生差。可见青少年吸烟不仅影响智力、影响身心健康，也影响学习和工作。世界卫生组织说，没有办法使青少年不吸烟和阻止他们吸烟，但该组织相信若干措施同时实行将是行之有效的，比如，适当的健康教育，提高香烟价格，增加烟草税收，在公共场所设立无烟区。

开始吸烟的年龄越小，越容易发生肺癌，这是因为青少年正处于生长发育时期，内脏器官都还没有发育完全，对各种有害物质比成人更为敏感，因而危害更大，如果连续吸上10年、20年，就达到肺癌潜伏期，有引起肺癌的可能。

3.5.4 吸烟对妇女儿童的危害

女性吸烟和男性一样会增加患癌的危险性，最新发现，女性吸烟还会诱发子宫颈癌。它是妇女常见的恶性肿瘤，其发病原因有早婚、早育、多产、宫颈糜烂、外伤、男方的包皮垢、性紊乱所致的病毒、疱疹Ⅱ病毒、人乳头瘤病毒等。但近年来发现吸烟也是宫颈癌的病因之一。

吸烟引起宫颈癌是从欧美女子吸烟发现的。调查结果显示，宫颈癌在吸烟妇女中特别多，其发生率比不吸烟妇女高出4倍。这是一个最新的发现，以前人们只认识到吸烟对身体其他部位的损害，如肺部、心血管、消化系统等，并未认识到其对生殖系统的损害，这个发现给吸烟的女性敲响了警钟。

癌症专家做了进一步的研究，已从子宫黏液中找到了高浓度的烟草致癌物——亚硝胺。亚硝胺是香烟烟雾中尼古丁的肺泡内裂解产物，它从肺进入血液，然后再通过组织聚积于宫颈黏液中，在吸烟妇女的宫颈黏液中其含量为不吸烟者的5倍。如果在孕期吸烟，则其浓度更高。人们还发现，被动吸烟者的亚硝胺含量，虽低于主动吸烟者，但高于从不吸烟者。这也提醒了在家吸烟的男性，为妻子的健康要主动戒除吸烟的恶习。

女性吸烟不仅会引起痴呆等常见病，还会造成另一种危害，那就是殃及后代。有资料介绍，孕妇吸烟，后代患癌的危险性很大。英国一位研究人员最近发现，儿童患癌症的病例大多数可能是母亲在怀孕期吸烟或吸入工业污染物所致。此外，吸烟的女性与不吸烟的女性相比，患不孕症的可能性高2.7倍，易发生宫外孕和前置胎盘、增加流产概率等。

3.5.5 吸烟对生育的影响

香烟烟雾中大量的诱变物，能引起体细胞脱氧核糖核酸的损伤，这些物质被吸入以后，到达生殖器官作用于生理细胞，可对人类遗传带来危害。

科学家们的研究发现，吸烟者的精子畸形要比非吸烟者高得多，并认为这种形状异常是由于基因突变所致。有的调查表明，胎儿死亡率及婴儿严重先天性畸形频率是随父亲消耗香烟数量的增加而增加的；而且自发性流产在丈夫吸烟的妻子中多见。

如果妊娠妇女吸烟，其危害性则更为严重。大量的调查资料表明，由于妇女在妊娠期间吸烟，新生儿体重平均比不吸烟者轻150~240g，早产儿的数量为2~3倍。近年来，有人对8000名妊娠妇女进行研究，发现吸烟者比不吸烟者发生早产、死产或新生儿假死的现象高2倍。妇女妊娠期间吸烟，引起子痫的危险性也会增加，子痫是妊娠期间的并发症，严重者可使母子生命都受到威胁。

造成这些现象的原因，就在于烟中的尼古丁、一氧化碳和其他有害物质的作用。尼古丁能使胎盘血管收缩，子宫血液量减少。母体血液中的氧气，是经过胎盘到达胎儿血中的，妊娠期间吸烟或接触烟雾，母体血液的碳氧血红蛋白增加，胎儿体内的碳氧血红蛋白也会相应增高，引起缺氧；烟雾中的有害物质被吸入后，也能通过胎盘进入胎内，在胎儿体内循环，其结果无疑会使胎儿发育迟缓、体重降低，大脑和心脏等器官的发育也会受到影响。母体血液里尼古丁的存在，不仅对胎儿发育有害，分娩后尼古丁还可以通过乳汁排出，婴儿吮吸含尼古丁的乳汁后，也可能引起癌症或其他疾病。

国内有人对儿童进行调查指出，儿童的发病和智力低下，除生物遗传因素外，同家长吸烟也有关系。智力发育障碍也可能与烟气中某些有毒成分对神经组织的毒害作用有关，在对被动吸烟小鼠神经组织的超微结构观察中已见到特有的中毒现象，香烟烟气可通过各种途径损害神经系统发育。

3.5.6 被动吸烟的危害

目前，关于吸烟与居室空气污染的定量关系的研究还不多。通过前面对香烟及香烟雾中有害物质的分析，不难看出，吸烟对室内空气有相当程度的污染。我们知道，不吸烟的人，在吸烟污染的室内，同样会受到烟气的危害，这就是通常所说的被动吸烟。实际上，香烟在燃吸过程中产生两部分烟气，其中被吸烟者直接吸入体内的主烟流仅占整个烟气的10%，90%的侧烟流弥散在空气中，如果在居室内吸烟，则势必造成居室空气的污染。通过对血液、尿液和唾液的化验，可以检查出吸烟者体液里含有一定量的尼古丁、碳氧血红蛋白及硫氧化合物等。不吸烟的人体液里一般不含有尼古丁和硫氰化合物，碳氧血红蛋白含量也较低，但是在烟雾环境中逗留后，也照样可以检查出来，而且逗留时间越长，含量就越大。凡吸烟所可能引起的种种疾病，在被动吸烟者身上都有可能发生。被动吸烟的危害不亚于主动吸烟者。

土耳其国立爱琴海大学癌症研究防治中心主任艾菲博士曾表示，经常在吸烟者四周打转的人都难有健康的身体，尤其是朝夕相处的夫妇，如果丈夫吸烟，妻子不但容易衰老，罹难肺癌的概率也较一般女性高2倍。

当前，二手烟受害多者仍是女性。世界卫生组织统计，全球吸烟者已超过10亿人口，男性占绝大多数，超过2/3，女性不及1/3，如果以一对一男女比例计算，女性遭受烟害的人数相当庞大。据世界卫生组织统计，全世界平均每10秒钟就有一人死于与吸烟有关的疾病，在70岁以前的死亡男、女性中，有36%的男性与13%的女性，与吸烟有直接关系。在吸烟家庭里长大的儿童，他们在6岁或更小时患哮喘的危险要比不吸烟家庭的儿童高1倍。

2006年1月26日，美国加利福尼亚州环境管理机构做出一项决定，将被动吸烟列入空气污染黑名单，其污染级别与柴油尾气等污染等同。2008年5月6日发表于《美国心脏病学会刊》的一项新研究提出：真实情景下，暴露于二手烟30min之内就能对身体血管系统产生不利影响，特别是孩子和其他从不吸烟的健康成年人，损害是双重的；暴露二手烟不仅损害血管系统，而且降低修复血管损伤的内皮祖细胞的功能。这项研究还发现，二手烟暴露的危害作用可持续24h，比先前研究认为的时长可要长得多。

3.5.7 吸烟的其他危害

1. 吸烟影响智商

阿伯丁大学的研究人员进行了一系列实验，希望弄清吸烟者与非吸烟者在较长的一个时期内认知能力会发生哪些变化。结果，吸烟者和曾经吸烟者比非吸烟者所得分数更低。得分最低的是目前仍没有放弃吸烟嗜好的人。研究人员认为，吸烟会造成器官的氧化压力，也包括脑部。而且随着人的衰老，神经系统对氧化造成的损害更加敏感。通常，许多人认为吸烟有利于人的思维，实际上它会对脑细胞和智力造成很大损害。

从事心理学研究的人做过调查，结果发现长期吸烟可以使人的注意力的稳定性受到影响；使人反应迟钝，双手不稳定，动作不准确；还可使人的听觉敏感性降低，过早失听。

有的人认为，吸烟可以提神，消除疲劳，触发灵感，这都是毫无科学道理的。心理学的实验研究证明，吸烟非但没有好处，而且严重影响人的智力，使记忆力、想象力、辨认能力均受到影响，从而降低工作和学习效率。在很早的时候，心理学工作者就对青年学生的智力情况进行了吸烟与不吸烟影响的对比实验。

实验结果是吸烟者的智力效能（包括记忆、联想、辨认力、想象、计算等各项）减少了 10.6%，而不吸烟者却增高 2.7%。有的心理学家还以 200 个大学生的学习成绩作实验指标，结果是吸烟的学生的成绩比不吸烟的学生的成绩差 7 分，不及格的人数吸烟者占 10%，不吸烟者只占 4%。有的人还做过有趣的实验，两组被试同学学一样的单词，但一组被试者吸含有 1.5% 尼古丁的烟，另一组吸不带尼古丁的烟。结果是：吸含尼古丁烟的一组人所记忆的单词，要比吸不含尼古丁烟的一组人少得多。而且隔两天后重复实验，两组的差别更加明显。

由于人的心理活动包括智力活动均是人脑的高级神经活动，是通过大脑皮层的活动来实现的。所以，香烟中的尼古丁吸入人体后，可以刺激植物神经系统，引起血管痉挛，使胃液的酸碱度改变等，更重要的是影响大脑皮层的神经活动，使人的智力减退。

2. 吸烟对感冒病人的影响

我们提倡戒烟，尤其在感冒期间应停止吸烟，是因为感冒时吸烟有下述危害：

（1）吸入的烟雾可刺激上呼吸道黏膜，从而加重炎症反应，使临床症状加重，病程迁延；

（2）烟雾中含有一种化学成分，它能改变鼻黏液浓度，使病毒容易进入人体呼吸系统，以致病变范围扩大；

（3）烟雾毒素可减缓鼻黏膜纤毛的蠕动速度，使鼻腔难以阻挡细菌、病毒及灰尘的侵入；

（4）吸入体内的烟雾，会降低白细胞的活动能力，使白细胞不能有效杀灭入侵病毒，抑制其活力。

3. 饭后立即吸烟的危害

医学资料说明，人们在进食后立即吸烟，对人体健康危害极大。其实，当人进食以后，消化系统立刻全面运动起来，进行消化和吸收等各种生理活动。此时人体内的胃肠蠕动十分频繁，血液循环加快了，全身毛孔也都张开，而且排放一些多余的热能和加紧组织细胞的生物呼吸。如果在这个时候吸烟，肺部和全身组织吸收烟雾的力度大大加强，烟雾中的有害物质对呼吸、消化道都有很大的刺激作用；其他生物碱类物质就会大量进入人体，无疑会给人体机能和组织带来比平时吸烟大得多的伤害。

4. 服药期间吸烟的危害

（1）解热镇痛药如去痛片、优散痛、撒烈痛和氨非咖等，吸烟者服后，它们代谢速度加快，疗效显著下降。其中有的仅为不吸烟的 1/10。

（2）吸烟者服了镇痛药后，不仅疗效降低，而且使其代谢产物不能迅速排出，以致蓄积中毒。又如局麻止痛药利多卡因，会使"瘾君子"拔牙的疼痛发生率增加。

（3）平喘药如茶碱、氨茶碱等用于吸烟者，其破坏与排泄速度比不吸烟者要快 3 倍，使疗效降低。据观察，即使戒烟 3 个月，也难以改变这一情况。

（4）吸烟能使心痛定、心得安和阿替洛尔等在血液中的浓度明显下降，且排泄量增加，以致加剧病情。但立即戒烟会使心绞痛发作次数减少，心功能改善。

（5）抗酸药如西咪替丁（泰胃美、甲氰咪胍）、雷尼替丁和法莫替丁等，用于治疗胃、十二指肠球部溃疡及上消化道出血时，常因吸烟使血管收缩，加之延迟胃部的排空时间、减慢药物在小肠内的吸收速度，从而延迟溃疡愈合。另有人发现，吸烟者于夜间能大量分泌胃酸与胃蛋白酶等物质，竟比不吸烟者要多 92% 和 59%，致使胃病发生率大为增加。

（6）吸烟者口服降血糖药甲糖宁（D—860）、降糖灵（苯乙双胍），或注射胰岛素，均会降低疗效；通常胰岛素需相应增加 15% ~30% 方能达到预期疗效。

（7）维生素 C 可抗击致癌物亚硝胺、增强免疫力和预防血脂过高导致心脏病等，而抽烟者大多有维生素 C 缺乏症，其在血中浓度比不吸烟者约下降 30%，应给予补充。

此外，镇静药安定，抗抑郁症药丙咪嗪、阿米替林等，抗凝血药肝素及利尿剂速尿等，吸烟者服用后，也同样会影响疗效。吸烟影响药效主要是因为烟中的尼古丁等成分能减少药物吸收，同时又可促进肝细胞内的药物代谢酶分泌增加，从而加速药物的破坏和排泄。

本章参考文献

[1] 李和平，郑泽根．居室环境与健康［M］．重庆：重庆大学出版社，2001．
[2] 黄宜鹤编著．居室环境与健康［M］．北京：中国环境科学出版社，1989．
[3] 室内空气质量标准 GB/T18883-2002．
[4] 贾振邦．环境与健康［M］．北京：北京大学出版社，2008．
[5] 侯亚娟，席晓曦．居家环境与健康［M］．北京：中国医药科技出版社，2013．
[6] 石碧清，赵育，间振华．环境污染与人体健康［M］．北京：中国环境科学出版社，2007．
[7] 陈冠英．居室环境与人体健康（第二版）［M］．北京：化学工业出版社，2011．
[8] 杨周生．环境与人体健康［M］．合肥：安徽师范大学出版社，2011．
[9] 刘征涛．环境安全与健康［M］．北京：化学工业出版社，2005．
[10] 刘新会，牛军峰等．环境与健康［M］．北京：北京师范大学出版社，2009．
[11] 孙孝凡．家居环境与人体健康［M］．北京：金盾出版社，2009．

第4章 居室中生物污染对人体健康的影响

居室环境中生物污染是影响室内空气品质的一个重要因素，它对人类的健康有着很大的危害，能引起各种疾病，如各种呼吸道传染病、哮喘、建筑物综合症等。因此，研究居室空气中生物污染的种类、来源、时空分布、致病性对预防室内生物污染十分重要。

4.1 居室中生物污染的种类及来源

4.1.1 居室内生物污染的种类

人们往往认为，现在居住条件改善了，室内环境中没有生物污染了，实际不然。由于室内环境的相对封闭、空调的大量使用、室内化学污染的增加和饲养宠物等原因，室内生物污染仍然是室内空气质量的一个组成部分。《室内空气质量标准》GB/T 18883 就把室内生物性污染与化学性污染、放射性污染共同列为室内环境三大污染物质。

室内生物污染物主要包括室内微生物、寄生虫、花粉、生物体有机成分等。

1. 室内微生物

微生物是肉眼看不见、必须通过显微镜才能看见的微小生物的统称。微生物普遍具有这样几个特点：个体小；繁殖快（繁殖一代只需几十分钟到几小时）；分布广、种类繁多；较易变异，对温度适应性强。室内非致病性腐生微生物，包括芽孢杆菌属、无色杆菌属、细球菌属、放线菌、酵母菌等；来自人体的病原微生物，包括结核杆菌、白喉杆菌、溶血性链球菌、金黄色葡萄球菌、脑膜炎球菌、感冒和麻疹病毒等。

2. 螨虫

螨虫成虫体长 0.3mm，是专靠刺吸人体的皮肤组织细胞、皮脂腺分泌的油脂等为生的寄生虫。在 20~30℃，相对湿度75%~85%，阴暗、潮湿、不透风处生活。螨虫是至今世界上已知的最强烈的过敏源，是引起过敏性哮喘（吸入型哮喘）、鼻炎（血管收缩性鼻炎）、湿疹（遗传过敏性皮炎或异位皮炎）等病态反应的罪魁祸首。

3. 真菌

真菌在自然界分布广泛，由真菌引起的呼吸道疾病在不断增加，20%~50%的现代家庭存在真菌污染问题。在通风差、使用空调的房间及潮湿、温暖的室内条件，真菌是室内主要的污染源。

4. 花粉

在室内种植花草可以吸收空气中对健康不利的有机物，但有些植物会散播使某些人过敏的花粉，如鼻子搔痒、流泪和呼吸困难等。花粉过敏以五官过敏症状为主，表现为喷嚏多，清鼻涕不断外流，鼻、眼、耳、上腭奇痒难忍，眼结合膜充血、发红、肿胀、痒和流泪。大多数患者仅有五官过敏症状，而有些患者在几年后合并气喘，病情会逐年加重。

5. 毛发与皮屑

近年来，饲养宠物逐渐成为一些居民的喜好，但是宠物皮屑及其产生的其他具有生物活性物质，如毛、唾液、尿液等对空气的污染也会带来健康威胁，主要是可以使人产生变态反应。室内有宠物时，空气中变态反应源的含量达到无宠物房间的 3～10 倍。据调查，普通人群中对猫、狗的变态反应源有过敏反应的大约有 15%。因此，饲养宠物的室内空气环境会使这部分人群的哮喘、过敏性鼻炎等变态反应性疾病发生率升高。另外，室内人员脱落的头发也是室内环境污染的源头。头发表面的皮脂容易沾染空气中的灰尘，并滋生细菌，污染室内空气，同时毛发也常会在地漏口聚集，造成堵塞，出现杂物腐烂、发酵，产生有害气体，污染室内空气环境。

在上述生物污染因子中，有一些细菌和病毒是人类呼吸道传染病的病原体。有些真菌（包括真菌孢子）、花粉和生物体有机成分能够引起人的过敏反应。

4.1.2　居室内生物污染的来源

室内空气生物污染因子的来源具有多样性，主要来源有患有呼吸道疾病的病人、动物（啮齿动物、鸟、家畜等）和环境。细菌、真菌、病毒、螨虫等微生物来源于死的或活的有机体，在室内床垫、地毯、坐垫、家具、窗帘、卧具、毛绒玩具以及摆饰品和室内潮湿、阴暗角落能快速繁殖；加湿器带来多种细菌、真菌、孢子；空调系统更是滋养螨虫的最好地方，螨虫依靠人体皮肤的脱落表皮为生，同时，其排泄物最终作为灰尘进入空气，从而污染空气。

室内种植的一些观赏性植物会产生植物纤维、花粉及孢子等，可引起哮喘、皮疹等。室内饲养的一些宠物的皮屑以及一些细菌、病毒、真菌、芽孢等微生物散布在空气中，成为传播疾病的媒介。

除此之外，有的生物性污染物可以通过渗透、自然通风、机械通风等方式，由室外进入室内。

4.2　室内空气生物污染的危害性和特点

4.2.1　室内空气生物污染的危害性

有些生物污染物能引起过敏反应，包括过敏性肺炎、变应性鼻炎及气喘；有些真菌甚至可能释放出一些致病的毒素。由生物污染物所引起的病征包括打喷嚏、流泪、咳嗽、呼吸急促、眩晕、精神不振、发热和消化不良。儿童、老人及患有呼吸系统疾病的人尤其容易受到影响。

自然情况下，人类呼吸道传染病绝大部分是在室内传播感染的致病菌。如果说室外空气微生物对动物和植物的作用比较常见，那么室内空气微生物对于人类健康的影响非常大。

呼吸道感染是人类最常见的疾病，其症状可从隐性感染直到威胁生命。目前已知，仅引起呼吸道病毒感染的病毒就有 200 种之多，这些感染的发生绝大部分是在室内通过空气传播的，一年四季均可发生，冬春季最为常见。

　　根据统计资料，人群密集的地方特别容易发生肺炎支原体感染，这种肺炎占各种原因肺炎的 10%，占非细菌性发生的 1/3。患有肺炎支原体感染的人通过咳嗽、打喷嚏等其他一些口鼻活动，使得鼻、口分泌物的支原体气溶胶化，健康人吸入后患病。衣原体也是人类致病病原体之一，可引起沙眼、肺炎、鹦鹉热和泌尿生殖系统疾病，有时鸟禽类和低等动物的条件致病菌属于人畜共患病原体。

　　螨虫最容易寄生的部位是人的面部，包括鼻、眼周围，唇、前额、头皮等，其次是乳头、胸、颈等处，少量寄生无明显症状，或有轻微痒感或刺痛，局部皮肤略隆起为坚实的小结节，呈红点、红斑、丘疹状，可持续数年不愈。成年人感染率高达 97.68%。螨虫在吸取人皮肤的营养时，会破坏毛囊皮脂腺，使毛囊内出现创面。这时，皮肤的毛孔扩大，出现黑头，皮肤变得粗黑发硬，螨虫还会把皮肤表面的细菌带入毛囊深处，引起炎症，导致皮肤早衰。螨虫的分泌物、粪便、蜕皮和尸体都是极强的过敏源，可以引发过敏性鼻炎、过敏性哮喘与皮炎。据统计，约有 80% 市民的过敏性哮喘、鼻炎和皮炎与螨虫有关。

　　目前与室内传染性病原微生物的污染关系密切的疾病主要是军团菌病及支原体肺炎等。1976 年 7 月，在美国费城的宾州地区举行的退伍军团代表年会上，到会的 4400 人中有 149 人在会后 10 天内陆续发病，并有 29 人死亡，病死率近 20%。从此，该细菌就被命名为军团菌，由此菌引起的病称为军团菌病。军团菌病近年来在我国城市的一些大厦、写字楼和居民家庭室内屡有发生，主要与室内的空调系统污染有关。因空调机内储水且温度适宜，会成为某些细菌、霉菌、病毒的繁殖滋生地。北京市空调系统军团菌的检出率达 50% 以上。因此，我国军团菌病的预防和控制是个值得引起重视的问题。研究发现，空调系统中的细菌和真菌可以诱发或加重呼吸系统的过敏性反应而引起哮喘。

　　2003 年在世界上许多国家尤其是我国肆虐的严重急性呼吸综合症（Severe Acute Respiratory Syndromes），又称传染性非典型肺炎，简称 SARS，是一种因感染 SARS 冠状病毒引起的新的呼吸系统传染性疾病。主要通过近距离空气飞沫传播，以发热、头痛、肌肉酸痛、乏力、干咳少痰等为主要临床表现，严重者可出现呼吸窘迫。本病具有较强的传染性，在家庭和医院有显著的聚集现象。首发病例，也是全球首例，于 2002 年 11 月出现在广东，并迅速形成流行态势。2002 年 11 月～2003 年 8 月 5 日，29 个国家报告临床诊断病例 8422 例，死亡 916 例，报告病例的平均死亡率为 9.3%。

4.2.2　室内空气生物污染的特点

　　室内空气微生物的分布比大气中微生物分布更加复杂。因为微小环境中，任何空气微生物都会产生决定性的影响。

1. 可变性

　　与室外大气相比，室内环境是个小环境，种类繁多，人员活动情况和卫生条件差异很大，因此空气微生物种类和浓度变异很大。从浓度讲，每立方米中几十个到几万个不等。有些病原体 $1m^3$ 或几立方米才 1 个，在不同级别的洁净室内允许存在的菌浓度也有要求。从种类上讲，细菌、真菌、病毒、支原体、衣原体和其他生物气溶胶都可能出现，在野外至今只能找到少数病原体。大气微生物的时空分布多有规律，譬如日内变化是早 7 点前后和下午 6 点前后出现两个低谷。可是室内却无这种规律，而有的只是空气微生物浓度变动与人员活动和特殊操作（如打扫卫生）等有关。

2. 可控性

正因为室内环境小，空气细菌浓度以及其他空气卫生标准都比较容易控制。《室内空气质量标准》GB/T 18883-2002 中规定菌落总数的标准值为 2500mg/m³（依据仪器定），国内对室内空气微生物控制有了确定的目标。现在，各行各业室内空气质量都有了一定的改进，空气消毒、过滤通风等技术得到推广，在控制室内空气的生物污染方面取得了较好的效果。尤其是对室内生物气溶胶污染的研究，对改善室内工作条件、提高居民生活质量、预防各种呼吸道疾病具有重要意义。表 4-1 列出了一些典型的生物污染源及其传播途径和特点。

一些典型的生物污染源及其传播途径和特点　　　　　　　　　表 4-1

名称	大小 （μm）	生存环境		发病症举例	特　点
		温度	pH		
病毒	0.02 ~ 0.3	适宜生长温度 25 ~ 60℃，大部分在 55 ~ 65℃内存活不到 1 小时	一般对酸性环境不敏感，对高 pH 敏感	流感、水痘、甲肝、乙肝和 SARS	部分嗜超热菌在 75℃以上依然生长良好。传染途径通常为呼吸道传染和消化道传染
细菌	0.5 ~ 3.0	适宜生长温度 25 ~ 60℃	在 4 ~ 10 范围内可生存，一般要求中性和偏碱性	痢疾、百日咳、霍乱、过敏症、肺炎、哮喘和军团菌病	以空气作为传播媒介
真菌	1 ~ 60	适宜生长温度 23 ~ 37℃，最高温度为 60℃	大部分生存于 pH 在 6.5 以下的酸性环境中	湿疹性皮炎、慢性肉芽肿样炎症和溃疡	细微的真菌类包括酵母菌和霉菌。能在免疫功能差的人群里引起过敏症，霉菌还能产生悬浮在空气中的有机体，这些有机体能产生常说的霉变的臭味

4.2.3　室内空气生物气溶胶污染

生物因子分散在空气中形成一种稳定的胶体体系称之为生物气溶胶，它对人体健康影响很大。生物气溶胶可分为好气溶胶（good aerosols）和坏气溶胶（bad aerosols）。好气溶胶主要是研究对人类身体健康和治疗疾病有益的生物气溶胶，如生物气溶胶的吸入治疗等。坏气溶胶主要是研究与人类呼吸道感染疾病有关的一大类生物气溶胶，如呼吸道传染病、呼吸道过敏、哮喘等。

国外室内生物气溶胶研究开始于 20 世纪 60 年代，几十年来，国外广泛地研究了室内空气生物气溶胶污染的种类，包括病毒、细菌和放线菌、真菌、微生物体成分、植物体碎片、原虫和昆虫碎片和排泄物；系统地研究了影响空气微生物存活和衰亡的环境因素，对室内空气生物污染因子影响因素的研究目前主要集中在 CO_2 浓度、人的活动和通风等方面。

受室内生物气溶胶污染危害的职业与人群多达十几个，如农业、畜牧业、农产品加工业、发酵产业、食品加工业、生物工程和生物制品业、微生物和生物医学实验室、医疗服务业、科研文化单位、兽医和动物园、旅游业等。室内空气生物气溶胶对这些职业人群的健康影响是多方面的，主要包括：呼吸道黏膜刺激、支气管炎和慢性呼吸障碍、过敏性鼻炎和哮喘、过敏性肺炎、吸入热和有机尘中毒综合症、呼吸道传染病感染、不良建筑物综合症等。

我国室内生物气溶胶的研究开始于 20 世纪 80 年代，研究的生物气溶胶主要是细菌和真菌，以及影响室内生物气溶胶的因素、人的活动和室内通风状况等。影院、商场、公共浴室、理发厅、游泳馆、医院等公共场所和学校教室等空气生物气溶胶污染是感染和控制的重点。

4.3　宠物与人体健康

宠物伴随人类文明已有数千年的历史。宠物又称陪伴动物或伴侣动物，指家庭饲养作为陪伴、并与人有情感交流的动物。随着经济、文化的进步，各国饲养宠物的家庭数量日趋增加。根据美国 20 世纪 90 年代末的统计，全美约有 56% 的家庭饲养宠物，其中排在前三位的分别是狗（38.3%）、猫（32.3%）和鸟（7.7%）。

毫无疑问，饲养宠物可以给人带来许多积极的情绪体验，促进个体的身心健康。但是，应该注意到宠物也可以给人类带来一些传染性疾病。

4.3.1　几种可能导致人类生病的常见宠物

饲养宠物意味着在一个较小的空间中人与动物的共处，饲养者出于对宠物的喜爱，很可能频繁与宠物发生过分密切的接触，与之同吃、同住、同睡、同玩。但是，现在应该注意到的是，宠物在人畜共患病中作为传染源和传播媒介的作用不容小觑，甚至本身无症状的宠物也有可能把携带的人类致病菌（如白喉等）传递给人类。除此之外，宠物也是饲养者居室甚至整个人类社会中的污染源之一。

1. 猫

家猫是猫科中唯一被人类驯化成为宠物的成员。各地对养狗有很多限制，但养猫无人管理，故西方国家社区里宠物猫数量有时甚至超过宠物狗的数量，加之猫作为宠物具有喜偎人、喜被抚摸等特点，使人与猫的人兽亲密接近指数比与其他动物均高。另外，猫比狗等宠物的独立性更高，更喜爱在居室外活动，因而猫给人带来的疾病的可能性相对较大。

猫可能传染给人的疾病有狂犬病、弓形虫病、猫抓病等。

狂犬病是由于被狗、猫、蝙蝠等咬伤或抓伤引起狂犬病毒感染后，得不到及时有效的狂犬疫苗预防注射而发病。对于狂犬病，猫远比狗更危险，因为猫造成的伤口多在手臂、颜面、胸部和腹部，与狗造成的伤口相比，距中枢神经系统更近，导致潜伏期短，不利于救治。

弓形虫寄生于猫的肠壁细胞中，感染的猫粪便具有传染性，可以传染给人类。若怀孕期妇女与猫接触感染上弓形虫病，可能引起流产、早产或胎儿畸形。弓形虫寄生在猫的肠道中，虫卵随粪便排出体外，人若误食这种虫卵，虫卵会在人体肠道内孵化成幼虫，穿过肠壁，进入血液流到身体各部。特别容易进入肺和肝脏内，引起发热、咳嗽、肝大、肝痛、呼吸困难、食欲减退。若幼虫进入大脑、脊髓、眼球或肾脏，则会发生更为严重的疾病，如癫痫、失明、肾功能损害等。但猫感染弓形虫病的主要来源是鼠和鸟，只要把猫圈养在家中，喂熟食，培养良好的卫生习惯，及时处理排泄物，就可以预防弓形虫病。

猫抓病主要是由于被猫抓伤或咬伤而引起的，少数人可能没有接触过猫，而是通过被猫的排泄物或唾液污染的植物、木片等刺伤而感染，致病菌是一种多形性阴性杆菌，该病菌对猫无害，却可以使人产生类似流感的症状，如头痛、发热等。

除此之外，在吸虫方面，人和猫都会由于食入感染的鱼而得病，同时猫又会排出含有虫卵的粪便，污染水源，并加重通过鱼导致的人类感染情况。猫还可能患上一种非常严重的皮肤病，病原巴西钩口线虫可以直接穿透人的皮肤，所以应禁止猫到人类经常赤脚走动的海滩上。除此之外，猫可能感染狗螨，引起人的皮炎。少数过敏体质的人对猫的毛和唾液过敏，出现过敏性鼻炎，甚至哮喘。

2. 狗

狗在六万年前被人驯化后，成为了人类亲密的朋友和帮手，并逐步建立起对人的依恋感情，加之其具有忠诚等美德，使人对狗有一种特殊的关爱之情。但是，据相关资料统计，狗传染给人的疾病有 65 种之多。

狗传染给人的疾病中真正威胁人类社会的就是狂犬病。除此之外，还有很多寄生虫病也是威胁人类的重要病原。狗所携带的沙蚤和狗螨都能引起人的皮炎。狗是人类黑热病病原利什曼原虫的主要保虫宿主，也是那些能引起幼虫皮下移行的线虫的主要宿主，同样应限制狗在人类赤脚走路的沙滩出没，居室中养狗更应该小心不被传染。至少有三种狗的绦虫病与人相关，狗经由口腔食入被污染的跳蚤而传染给人，患鱼绦虫病是由于吃了被狗粪污染的湖水或溪水中捕获的鱼而致，患棘球蚴病是直接吞了被狗粪中的虫卵污染的水或食物之故，这在我国牧区较为常见。吸虫虽因传染性较弱而不算重要，但狗在把寄生虫卵重新感染回鱼蟹类过程中所起的作用是很关键的，狗粪中大量的虫卵构成人类生活环境中重要传染来源。

狗的爪子上和口腔里存有多种病毒与病菌，感染后使人高热或长皮肤瘤。

狗也可以作为传播人类疾病的媒介。人的麻疹或腮腺炎病毒可能传染狗，虽然可能不会发病，但狗的流动性以及与人类的亲密关系，会促进疾病在人类间传播，将这两种病毒传给其他人。除此之外，人型结核、白喉和猩红热也可以通过狗传给其他人，所以应尽量防止狗接近这类病人。

3. 鸟

鸟类由于大多被饲养在笼中，同人直接接触的机会较少，在传播人畜共患疾病方面对人的威胁性相对较小，但仍有一些疾病需引起注意。

禽鸟类的病毒病中能传播给人的主要是虫媒脑炎（加州脑炎、东方脑炎、西方脑炎、圣路易脑炎和摩莱谷脑炎），其次是鹦鹉热。鹦鹉热是一种衣原体感染的疾病，鹦鹉、金丝雀、鸽子等 190 多种禽鸟可能传染给人。人被感染后会发热、头痛、肌肉痛、咳嗽、胸痛，严重的会引起肝炎，甚至导致生命危险，但若及时发现并治疗可以治愈。不过，鹦鹉热症状与流感相似，同时又非常罕见，故常被误诊，很可能因处理不及时而造成严重后果。

人若吸入鹦鹉、鸽子等禽类的干粪碎末可能引发鸟肺病。鸟肺病是一种严重的过敏症，症状较为严重，可能导致气喘、咳嗽、流泪、风疹等。预防这种病的有效方法是清扫鸟笼时佩戴口罩。据报道，家中养鸟会使空气中的污染物质增多，可能使肺部过敏，细胞变异，导致发生肺癌。另外，鸽子的呼吸道内有一种真菌，人吸入后会引起支气管炎、肺炎或肺脏肿。鸽子的唾液和爪子上有一种隐球菌，可能引起脑膜炎，使人发热、头痛、呕吐、抽搐、昏迷，甚至导致生命危险。

鸟类传染给人的细菌病中仍以炭疽为主，其次为布氏杆菌、肉毒杆菌、气肿瘟杆菌、白喉杆菌等。

禽螨可能引起人的皮炎。

4. 鱼

由于鱼生活在水中，不会对空气造成污染，也不会直接对人造成伤害，因而不利影响最少。但在给鱼换水的过程中，一种喜欢在鱼缸中生存的结核型芽孢杆菌可能趁机进入人体，引起皮肤结核，导致皮肤红肿。

5. 龟

大多数爬行动物携带沙门氏菌，该菌能引起脑膜炎、败血症，尽管多数病例症状较轻微，但也可能致命。龟属于爬行动物，据报道，美国14%的沙门氏菌感染由宠物龟传染。

6. 其他宠物

近年以来，由于人们生活水平的提高以及追求个性心理的影响，宠物所涉及的范围大大扩大，甚至包括红毛猩猩、猎豹、鳄鱼、蟒蛇、蜥蜴、蛇等。这些原来的野生动物可能带有很多人类了解还不够深入的细菌、病毒、寄生虫等，使由宠物传染给人类疾病这个问题更为复杂，需要今后更多的研究。

4.3.2 由宠物带来的问题

1. 狂犬病

狂犬病是一种由狂犬病毒引起的，能够导致人和其他温血哺乳动物急性致死性的疾病。狂犬病能够感染所有哺乳动物，宿主范围广，许多动物同时是狂犬病毒的储存宿主和传播媒介，其中狗和猫是狂犬病病毒侵入人体的主要媒介。狂犬病毒主要存在于受感染动物的唾液里，通过咬伤、抓伤、舔吮传播；同时，由于带病毒的分泌物污染空气，病毒可以穿过黏膜，故也可能通过气溶胶传播。

1709年，首例狂犬病报道于墨西哥。据世界卫生组织最新公布，每年全球有超过55000人死于狂犬病，即每10min就有1人死亡。此外，亚洲和非洲有1000万人在被可能患有狂犬病的狗咬伤后，接受狂犬病疫苗注射。中国是发病数仅次于印度的全球第二大狂犬病国家，每年有3000余人死于狂犬病，疫情形势非常严峻。近年来，我国狂犬病的病死数量和病死率都高居我国37种法定报告传染病首位。

在这种形势下，我国很多地方举起了灭狗的大旗，这似乎已经成为某些地方政府控制狂犬病的唯一选择。但是，狗并不是狂犬病毒的唯一携带者，这种行为无疑将预防狂犬病的措施简单化，未必能收到很好的效果，同时可能导致动物保护者以及宠物狗的主人对政府的不满情绪。尽管对狂犬病的控制目前仍然是世界卫生组织优先考虑的任务之一，但早在1992年，世界卫生组织专家委员会就根据国际经验为预防狂犬病这项工作定下了基本基调，即主要措施是接种疫苗和圈养流浪狗，而不是彻底捕杀流浪狗。对流浪狗尚且不提倡捕杀，更何况家养的狗。很多发达国家为我们做出了楷模，通过采取家犬圈养以及接种疫苗的方式，尽管那里养狗非常普遍，但狗的狂犬病已经完全消灭，人偶尔发生狂犬病是由野生动物传染的。而我国这方面的工作进行得还不到位，国家卫生和计划生育委员会分析认为，造成狂犬病发病率增加的原因包括公众养犬数量增加，犬只管理工作不到位、免疫接种率下降以及被犬咬伤患者未采取伤口处理和狂犬病疫苗接种措施不到位。我国狂犬病大多数发生在农村或市郊，那里的狗大多处于散养状态，很少注射疫苗，有较多机会感染狂犬病，加之群众预防狂犬病的健康知识和防范意识不够。

预防狂犬病，狂犬疫苗是关键。1885 年，巴斯德第一次分离出狂犬病毒，并用紫外线灭活病毒的方法研制出第一支狂犬病毒疫苗，现在使用的部分疫苗仍然依照他所采用的原理进行制备。但是，自 20 世纪 50 年代以来，先后在非洲和欧洲发现了狂犬病其他相关病毒。随着狂犬病毒血清型变异，目前人用和动物用狂犬病疫苗毒株已不能提供针对所有种类狂犬病毒的有效保护。因此，加深对于狂犬病毒的生物学特性的认识，更加深入研究狂犬病的致病机理，发现狂犬病的最初带毒者，研制更加具有普适性、作用更大的疫苗，应该成为今后预防任何动物狂犬病的主要目标。

2. 寄生虫病

人畜共患病中，引起较多重视的、同时也是危害比较严重的就是寄生虫病。

这方面，上海进行了相关的调查研究。为了摸清宠物犬中寄生虫感染的情况，上海市畜牧兽医站 1996 ~2000 年对 15154 条宠物犬进行了有针对性的寄生虫病调查，证实了宠物犬弓形虫感染率在 23% ~28% 之间，线虫感染率为 26% 左右，体外寄生虫感染率为 17% 左右，乙型肝炎感染率为 3.1% 。

上海的调查主要是针对宠物犬进行的，相信其他宠物寄生虫病的问题也不容忽视。比如猫，相对狗来说更喜欢自由，室外活动机会更多，加之有喜欢捕捉鼠、麻雀等野生动物的习性，患寄生虫病的机会可能更大。

因而，面对这种局面，有必要向宠物饲养者宣传人畜共患病的危害性，以及饲养宠物所需注意的卫生常识，加强相关疫苗的接种工作。

3. 流浪宠物的问题

宠物本该生活在主人家中，得到主人无微不至的照顾。但由于种种原因，社会上出现了许多流浪宠物，每当"打狗风"兴起，尤其发现违章犬会进行罚款时，很多曾经的宠物犬便被主人抛弃，流落街头。或是猫的繁殖力过强，主人不堪重负，而宠物市场普通猫的吸引力较低，主人便可能丢弃一部分猫。这些宠物流落街头，受尽苦难。同时它们感染疾病的机会也大大增加，携带疾病的它们很可能给路人或是好心收养的人带来意想不到的危害。

为解决流浪宠物的问题，可对其进行圈养，并注射疫苗和进行节育手术，在保证健康的情况下可提供给市民领养。

4.3.3　宠物传播给人类疾病的途径

了解宠物带给人疾病途径，有助于预防这些疾病，保护人类自身以及宠物的健康。其传播途径主要有以下四种：

1. 唾液传播

以狂犬病为例，患狂犬病的猫、狗唾液中含有大量的狂犬病毒，当咬伤人时，病毒就随唾液进入人体，引发狂犬病。

2. 粪便传播

粪便中含有各种病菌，如结核病、布氏杆菌病、沙门氏菌病等的病原体，都可能通过粪便污染人的食品、水和用具而传播。粪便内还含有大多数的寄生虫虫卵，而尿液可以传播钩端螺旋体病的病原等。

3. 空气传播

有病的动物在流鼻涕、打喷嚏和咳嗽时，常常会使病毒、病菌在空气中形成有传染性的飞沫，散播疾病。

4. 动物皮毛垢屑传播

动物全身的毛和皮肤垢屑里，往往含有各种病毒、病菌、疥螨、虱子等，或是某种疾病的病原体，或是疾病的传播媒介。

4.3.4　预防宠物传染性疾病

虽然饲养宠物可能给人体健康带来不利影响，但如果采取积极的预防措施，加强对宠物的管理，将会大大降低宠物传播疾病的可能性。

1. 定期免疫

要及时到有关部门给宠物注射疫苗，特别是在街头领养回家的宠物一定要先去兽医部门检查，并注射疫苗。

2. 定期为宠物做检查

每年都要为宠物进行一次寄生虫方面的检查，要定期给它们服用杀虫药物。不要让宠物与人的嘴接触，接触过宠物后一定要及时洗净。

3. 与动物保持距离

平时尽量不要把宠物抱在身上，不要把宠物举到自己的面部。用鼻子或嘴去亲吻宠物是一种很不好的习惯，一定要避免。特别要提醒孩子不要用手去逗弄宠物的嘴，脸部不要离宠物太近，也不要让宠物与孩子同桌进餐，更不能与宠物共用食具。

4. 及时治疗和隔离生病动物

当饲养的鸟食欲明显下降、羽毛无光时，需特别注意，因为它很可能是感染了鹦鹉热。发现疾病及时治疗，杜绝传染源。

5. 养成良好的卫生习惯

禁止宠物乱排泄，及时处理宠物的排泄物。清理鸟的笼具时可先用热水进行灭菌，并防止尘埃飞扬，操作时需要戴手套甚至面罩；接触宠物后要及时洗手，并定期给宠物的生活环境消毒。如果宠物经常到户外活动，要经常检查它们身上是否有虱类寄生。

本章参考文献

［1］王清勤，王静等．建筑室内生物污染控制与改善［M］．北京：中国建筑工业出版社，2010.

［2］崔宝秋．环境与健康［M］．北京：化学工业出版社，2012.

［3］贾振邦．环境与健康［M］．北京：北京工业大学出版社，2008.

［4］程胜高，但德忠．环境与健康［M］．北京：中国环境科学出版社，2006.

［5］朱颖心．建筑环境学［M］．北京：中国建筑工业出版社，2005.

［6］刘开军，乔远望等．居室环境卫生指南［M］．北京：军事医学科学出版社，2007.

［7］张格祥．健康环境 健康家庭［M］．成都：四川大学出版社，2010.

［8］姚运先．室内环境污染控制［M］．北京：中国环境科学出版社，2007.

［9］陈冠英．居室环境与人体健康［M］．北京：化学工业出版社，2011.

第 5 章 居室污染物综合控制

随着现代人生活和工作形态的改变，在室内环境中的时间日益增多，现在大部分人一天中有 80% 以上的时间在室内度过，室内空间狭小，流通性差，存在的污染物成分复杂，危害较为严重。因此，改善室内空气品质，提高室内污染物控制势在必行。室内空气污染是指有害的化学性因子、物理性因子和生物性因子等进入室内空气中，并已达到对人体身心健康产生直接或间接、近期或远期或者潜在的有害影响程度。室内环境污染的来源主要有以下几个方面：一是室内装饰材料及家具的污染；二是建筑物自身的污染（包括来自于建筑施工中加入的化学物质如粘结剂、防冻剂，来自于地下土壤和建筑物中的石材）；三是室外空气的污染，室外环境的严重污染及生态环境的破坏，加重了室内环境的污染；四是来自于人类自身活动，厨房的油烟和吸食香烟产生的烟雾，都含有多种污染成分。

为了有效控制室内污染、改善室内空气质量，需要对室内污染全过程有充分认识。室内空气污染物由污染源散发在空气中传递，当人体暴露于污染空气中时，污染就会对人体产生不良影响。室内空气污染控制可通过以下三种方式实现：

（1）源头治理；

（2）通新风稀释和合理组织气流；

（3）空气净化。

下面分别就这三个方面进行介绍。

5.1 污染物源头治理

从源头治理室内空气污染，是治理室内空气污染的最根本的办法。

5.1.1 污染物源头治理措施

1. 减小室内污染源散发强度

当室内污染源难以根除时，应考虑减少其散发强度。譬如，通过标准和法规对室内建筑材料中的有害物含量进行限制就是行之有效的办法。我国制定了《室内建筑装饰装修材料有害物质限量》，该标准限定了室内装饰装修材料中的一些有害物质含量和散发速率，对于建筑物在装饰装修方面材料的使用做了一定的限定，同时也对装饰装修材料的选择有一定的指导意义。

2. 控制污染源

消除室内污染源最好、最彻底的办法是消除室内污染源，譬如，一些室内建筑装修材料含有大量的有机挥发物，研发具有相同功能但不含有害有机挥发物的材料就可消除建筑装修材料引起的室内有机化学污染；又如，一些地毯吸收室内化学污染后会成为室内空气二次污染源，因此，不用这类地毯就可消除其导致的污染；不吸烟就可以减少尼古丁等有害物的污染。

3. 污染源附近局部排风

对一些室内污染源，可采用局部排风的方法。譬如，厨房烹饪污染可采用抽油烟机解决，厕所异味可通过排气扇解决。

5.1.2　通风稀释

通风是改善室内空气污染状况的一种行之有效的方法，也是最经济实惠的办法。其本质是提供人所必需的氧气并用室外污染物浓度低的空气来稀释（冲淡）室内污染物浓度高的空气。稀释室内污染物所需新风量的确定需从以下几方面考虑：

1. 以氧气为标准的必要换气量

必要新风量应能提供足够的氧气，满足室内人员的呼吸要求，以维持正常的生理活动。人体对氧气的需要量主要取决于能量代谢水平。当处在极轻活动状态下所需氧气约为 $0.423m^3$／（h·人），单纯呼吸氧气所需的新风量并不大，一般通风情况下均能满足此要求。

2. 以室内 CO_2 允许浓度为标准的必要换气量

人体在新陈代谢过程中排出大量 CO_2，同时 CO_2 浓度与人体释放的污染物浓度有一定关系，故 CO_2 浓度常作为衡量指标来确定室内空气的新风量。人体 CO_2 发生量与人体表面积和代谢情况有关。不同活动强度下人体 CO_2 的发生量和所需新风量见表 5-1。

CO_2 发生量和必需的新风量　　　　表 5-1

活性强度	CO_2 发生量 [m^3／(h·人)]	不同 CO_2 允许浓度下必需的新风量[m^3/(h·人)]（%）		
		0.10	0.15	0.20
静坐	0.014	20.6	12.0	8.5
极轻	0.017	24.7	14.4	10.2
轻	0.023	32.9	19.2	13.5
中等	0.041	58.6	34.2	24.1
重	0.075	107.0	62.3	44.0

3. 以消除臭气为标准的必要换气量

人体会释放体臭。体臭释放和人所占有的空气体积、活动情况、年龄、性别等因素有关。国外有关专家通过实验测试，在保持室内臭气指数为 2 的前提下得出的不同情况下所需的新风量，见表 5-2。稀释少年体臭的新风量，比成年人多 30% ~40%。

除臭所需新风量　　　　表 5-2

设　　备		每人占有气体体积（m^3/人）	新风量[m^3/h·人]	
			成人	少年
无空调		2.8	42.5	49.2
		5.7	27.0	35.4
		8.5	20.4	28.8
		14.0	12.0	18.6
有空调	冬季	5.7	20.4	—
	夏季	5.7	<6.8	—

4. 以满足室内空气品质国家标准的必要换气量

室内可能存在污染源，为使室内空气品质达到国家标准《室内空气质量标准》GB/T 18883—2002，需要通入新风进行换气。换气次数的多少，需根据室内空气污染源的散发强度、室内空间大小和室外新风空气质量情况以及新风过滤能力等确定。

5.1.3 空气净化

空气净化是指从空气中分离和去除一种或多种污染物，实现这种功能的设备称为空气净化器。使用空气净化器是改善室内空气质量、创造健康舒适的室内环境十分有效的方法。室内空气净化是室内空气污染源头控制的一种措施，是在通风稀释不能解决问题时不可或缺的补充。此外，如果完全采用新风稀释室内空气中的污染物，将会导致冬季供暖、夏季供冷期间，加热或冷却室外进来的空气至舒适温度而耗费大量能源，而使用空气净化器来消除室内污染物，使室内已被加热或冷却的空气可以循环利用，大大减少了新风量，降低了供暖或空调能耗。

5.2 通风

通风的主要任务是将房间的废热、水蒸气或有害物质及污浊空气排走，而将清洁的、经过处理的新鲜空气送入房间内代替排走的空气，使房间内保持要求的空气条件，以确保室内空气环境符合卫生标准，保障人的身体健康和产品质量。室内通风系统按空气流动的动力分为自然通风和机械通风；按通风系统的特征可分为进气式通风和排气式通风。以下分别介绍自然通风和机械通风。

5.2.1 自然通风

自然通风具有提高热舒适性、改善室内空气品质、节约建筑能耗的特点。在排除室内一氧化碳、甲醛及苯系物、二氧化碳、二氧化硫以及厨房油烟污染等方面，具有一定的作用。它是利用室内外温度差所造成的热压或风压作用所造成的压力差来实现换气的一种通风方式。下面来介绍自然通风工作原理。

1. 热压作用下的自然通风

当室内外空气温度不同时，在车间的进排风窗孔上将造成一定的压力差。进排风窗孔压力差的总和称为总压力差。如图 5-1 所示为车间进、排风口的布置情况。室内外空气温度分别为 t_{pj} 和 t_w，密度为 ρ_{pj} 和 ρ_w。设上部天窗为 b，下部侧窗为 a，窗孔外的静压力分别为 p_a、p_b，窗孔内的静压力分别为 p'_a、p'_b。如室内温度高于室外温度，即 $t_{pj} > t_w$，则 $\rho_{pj} < \rho_w$，窗孔 a 的内外压差为 $\Delta p_a = p'_a - p_a$，天窗 b 的内外压差为 $\Delta p'_b = p'_b - p_b$。

根据流体静力学原理可知：

$$\left.\begin{array}{l} p_a = p_b + gh\rho_w \\ p'_a = p'_b + gh\rho_{pj} \end{array}\right\}$$

$$\Delta p_a = p'_a - p_a = (p'_b + gh\rho_{pj}) - (p_b + gh\rho_w) \quad (5-1)$$

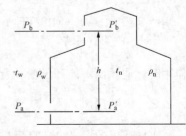

图 5-1 热压作用下的自然通风

$$= \Delta p_b - gh(\rho_w - \rho_{pj})$$

$$\Delta p_b = gh(\rho_w - \rho_{pj})$$

式中 Δp_a, Δp_b ——窗孔的内外压差，Pa；

         h ——两窗孔的中心间距，m；

         g ——重力加速度，m/s^2；

         ρ_{pj} ——室内平均温度下的空气密度，kg/m^3；

         ρ_w ——室外空气的密度，kg/m^3。

当 $t_{pj} > t_w$ 时，$\rho_w > \rho_{pj}$，下部窗孔两侧室外静压大于室内静压，上部窗孔则相反，所以在密度差的作用下，下部窗孔将进风，上部天窗将排风。反之，当 $t_{pj} < t_w$ 时，$\rho_w < \rho_{pj}$，上部天窗进风，下部侧窗排风。变换式（5-1）得：$\Delta p_b + | -\Delta p_a | = \Delta p_b + | \Delta p_a | = gh(\rho_w - \rho_{pj})$。

由此可知，进风窗孔和排风窗孔两侧压差的绝对值之和与两窗孔的高差 h 和室内外的空气密度成正比。两者之和等于总压差，即 $gh(\rho_w - \rho_{pj})$，它是空气流动的动力，称为热压。

2. 风压作用下的自然通风

在风力作用下，室外气流流经建筑物时，由于受到建筑物的阻挡，将发生绕流。建筑物四周气流的压力分布将因此而发生变化：迎风面气流受到阻碍，动压降低，静压增高，侧面和背面由于产生局部涡流，因而使静压降低。这种静压增高和降低与周围气压形成的压力差称为风压。迎风面静压升高，风压大于周围气压，称为正压；背风面静压下降，风压小于周围气压，称为负压。由于正压区的室外静压大于室内静压，室外空气就要通过孔洞进入室内。在负压区正相反，室内空气通过孔洞排向室外。这就形成了风压作用下的自然通风。

风压作用下的自然通风与室外风向、风量有着紧密的关系。由于风向、风量随季节而变化，不受人的意志控制。因此，由于风压引起的自然通风有不确定因素，无法真正应用于设计有组织的自然通风，根据采暖通风和空气调节设计规范的规定，在实际计算时只是定性地考虑风压对自然通风的影响，风压一般不予考虑，仅考虑热压的作用。

3. 风压和热压同时作用的情况

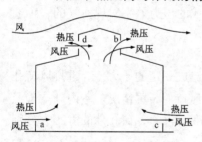

图 5-2 热压、风压共同作用下的自然通风

当热压、风压同时作用于某一窗孔时，窗孔的总压差则为热压差和风压差的代数和。如图 5-2 所示为热压、风压共同作用的情况。

从图 5-2 可以看出，窗孔 a 风压差和热压差叠加，总压差增大，进风量增大。窗孔 b 热压差和风压差均为正，总压差也增大，排风量增大。如果在 b 窗同高度的左侧开天窗，则风压为负，热压为正，两者互相抵消，不利于排风。当风压的负值比热压还大时，就发生倒灌，不但不能排风，反而进风。所以在热压、风压同时作用时，迎风面不能开天窗，背风面不宜开下部侧窗，否则通风效果不好。

5.2.2 机械通风

机械通风的定义：依靠风机提供的风压、风量，通过管道和送、排风口系统可以有效地将室外新鲜空气或经过处理的空气送到建筑物的任何工作场所；还可以将建筑物内受到污染的空气及时排至室外，或者送至净化装置处理合格后再予排放。这类通风方法称为机械通风。机械通风根据作用范围的大小、通风功能的不同，可分为全面通风和局部通风两种形式。

1. 全面通风

全面通风又叫稀释通风，是对整个房间进行通风换气，其基本原理是：用清洁空气稀释（冲淡）室内含有有害物的空气，同时不断地把污染空气排至室外，保证室内空气环境达到卫生标准。全面通风应用在污染气体基本均匀分布的居室整个空间时，效果最为显著。例如：新房装修初期的甲醛污染、室内成年人抽烟烟气污染等。

（1）全面通风量的计算

1）按房间浓度增量计算风量

在体积为 V_t 房间内，有害物源每秒钟散发的有害物量为 M，通风系统启动前室内空气有害物浓度为 c_1，如果采用全面通风稀释室内的有害物，那么在任何一个微小的时间间隔 $d\tau$ 内，室内得到的有害物量（即有害物源散发的有害物量和送风空气带入的有害物量）与从室内排出的有害物量（即排出空气带走的有害物量）之差应等于整个房间内增加（或减少）的有害物量，即：

$$Lc_0 d\tau + M d\tau - Lc d\tau = V_t dc \tag{5-2}$$

式中　L——全面通风量，m^3/s；

　　c_0——送风空气中有害物浓度，g/m^3；

　　M——有害物散发量，g/s；

　　c——在某一时刻室内空气中有害物浓度，g/m^3；

　　V_t——房间体积，m^3；

　　$d\tau$——某一段无限小的时间间隔，s；

　　dc——在 $d\tau$ 时间内房间里浓度的增量，g/m^3。

式（5-2）称为全面通风的基本微分方程式。它反映了任何瞬间室内空气中有害物浓度 c 与全面通风量 L 之间的变化关系。

对式（5-2）进行变换整理可得出：

$$\frac{Lc_1 - M - Lc_0}{Lc_2 - M - Lc_0} = 1 + \frac{d\tau}{V_t}$$

$$L = \frac{M}{c_2 - c_1} - \frac{V_t}{\tau} \cdot \frac{c_2 - c_1}{c_2 - c_0} \quad m^3/s \tag{5-3}$$

式（5-3）可以求出在规定时间 τ 内，达到要求的浓度 c_2 时，所需的全面通风量。式（5-3）称为不稳定状态下的全面通风量计算式。

2）按消除余热或余湿计算风量

如果室内产生热量或水蒸气，为了消除余热或余湿所需的全面通风量可按式（5-4）、式（5-5）计算。按消除余热：

$$G = \frac{Q}{c_p (t_p - t_0)} \quad kg/s \tag{5-4}$$

式中　G——全面通风风量，kg/s；

　　Q——室内余热量，kJ/s；

c_p——空气的质量比热，其值为 $1.01kJ/$（$kg \cdot ℃$）;

t_p——排出空气的温度,℃;

t_0——进入空气的温度,℃。

按消除余湿:

$$G = \frac{W}{d_p - d_0} \tag{5-5}$$

式中　W——全面通风风量, kg/s;

d_p——排出空气的温度,℃;

d_0——进入空气的温度,℃。

当送、排风温度不相同时，送、排风的体积流量是变化的，故在式（5-4）、式（5-5）中均采用质量流量。

2. 局部通风

对于厨房油烟、煤气、卫生间的臭味等区域来说，采用局部通风是很有必要的。我国住宅的卧室、起居室等大多数是采用自然通风。在厨房、卫生间采用机械通风系统。自然通风受季节和气候因素影响较大，并且气流不易组织，紊乱气流可把卫生间和厨房异味带入客厅及卧室，夹带大量灰尘，既影响室内清洁卫生，又无法避免室外噪声污染。采用机械通风，通过设计合理的通风量和气流组织，既可有效地引入新风稀释污染物，也不会带来新的污染。局部通风按其方式分为局部送风和局部排风两大类，两者都是利用局部气流来保证局部区域不受有害物的污染，进而满足室内所需的卫生要求。按通风的目的与功能来分，具体还可分为降温、防寒、隔热、排毒及除尘等类型。工程实践中，局部通风通常也不是单一地加以应用，而需与自然的或机械的全面通风相配合。

（1）建筑局部通风形式主要有以下 3 种:

1）自然进风，机械排风，如图 5-3 所示。这种通风方式主要依靠风机提供动力，通过排风管对房间主动排风造成负压，从而引进新风。新鲜的空气从位于起居室（客厅）及卧室的进气口（带过滤网）进入室内，污浊的空气从浴厕排出。自然进风的进风口应安装在卧室和客厅的外窗或外墙上，并具有调节进风口面积的功能。浴厕排风机的排风量除了要满足浴厕自身的换气次数外，还应满足其所负担的卧室或客厅的通风，二者取大值。居室需要通风时，打开浴厕排风机和居室的进风阀门，这时，居室和浴厕均处于微负压状态，室外新鲜空气经居室通过门下百叶或门缝流向浴厕，通过排风机排至室外。

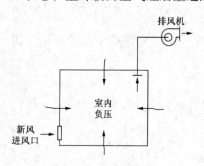

图 5-3　自然进风，机械排风系统

2）机械进风，机械排风，如图 5-4 所示。这种通风方式的进风量和排风量能根据不同的需要进行调节，但室内可能会有管道穿过，需要采用局部吊顶等方式加以装饰。如双向流热回收系统和双向流非热回收系统均属于此种方式。但城市住宅的层高大多在 2.8m，在房间内设置风管，系统复杂，占据空间，装修困难，普通住宅不宜采用，而对层高较高和装修标准较高的高级住宅中可采用有管道的机械通风方式。

3）机械进风，自然排风，如图 5-5 所示。这种通风方式的工作流程是风机抽取的室外空气从室内的进风口送入，污浊空气从浴厕排出，室内成微正压。特别是当自然进风困难时可采用该系统，这一点要优于机械进风、机械排风系统。但该系统可能存在新风在风管内被污染、在卧室等地方的送风速度有时会过大、送风均匀性不好等缺点，室内容易出现通风死角。不设连续排风的风机盘管加新风系统等属于此种通风方式。

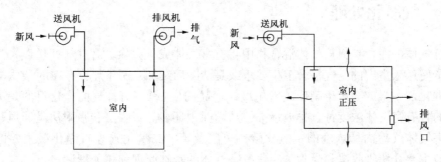

图 5-4　机械进风机械排风系统　　　　图 5-5　机械进风自然排风系统

（2）居室机械通风量的计算主要有以下两种方法确定：

1）根据日本的实践经验，住宅必须具有 0.5 次/h 的新鲜空气换气量，而气密性高的建筑物不能达到这个要求，因此必须采用机械通风，并且应 24h 运行。日本《空气调节和卫生工学设计手册》第十一版刊载的居室通风换气量如表 5-3 所示。

室内通风换气量　　　　　　　　　　　　　　　　　　　　　表 5-3

房　　间	通风换气量 m³/h（换气次数，次/h）	要求最大换气量的条件
双人卧室	5（0.2）~60	室内 2 人，1 人抽烟
单人卧式	5（0.2）~30	室内 1 人，抽烟
起居室	10（0.2）~150	室内 5 人，2 人抽烟

2）根据美国最新规定（ASHRAE Standard62 - 1999），住宅的换气次数为 0.35 次/h，但不小于每人 24m³/h。

（3）居室机械通风的原理

居室的机械排风分为三个部分，即客厅排风、卧室进排风以及厨房、浴厕排风系统。厨房的排风一直是独立的系统（即抽油烟机），而且在所有的住宅中一开始就已经采用了，所以在这里对它的排风系统就不加以讨论。本书要讲述的是客厅、卧室和浴厕的机械通风。客厅的排风系统采用的是自然进风、机械排风系统。这种通风方式的工作流程是：新鲜的空气从客厅及卧室进气口进入室内，污浊的空气从浴厕被排出。卧室机械通风一般采用的是具有能量回收功能的机械进、排风系统，主要有全热交换器、进风机、柔性连接管道及进、排风口组成。其主要工作原理是冬季将居室排风的余热通过全热交换器将室外新鲜空气加热（预热）后送到室内；夏季则将空调排风的冷量（一般 26~28℃）通过全热交换器将室外的新鲜空气（一般 30~35℃）降温（预冷）后送至室内。这种系统通常可以把排风能量的 75% 加以回收利用，从而达到节能的目的。另外，它的优点是送风量略大于排风量，使居室处于正压状态。但是它必须是独户水平安装，带有进、排风机的全热交换器一般可以安装在浴厕吊顶内或阳台上，居室内可能会有管道穿过，需要局部吊顶等方式加以装饰。

5.3　空气净化处理

有害气体的净化是指从气体混合物中将有害气体成分去除。对进气（送风）净化的目的是为了使送入室内的空气符合卫生要求或是清除后续加工时不允许存在的杂质（这些杂质会使催化剂中毒或会产生副反应影响最终产品的质量）。对排气的净化目的是为了使排入大气的各有害气体浓度符合排放标准，从而保护环境。吸收法和吸附法是通风排气中低浓度有害气体（室内低浓度的一氧化碳、甲醛及苯、二氧化碳等）净化最主要的两种方法，本节主要介绍吸收法和吸附法净化有害气体的基本原理和相关理论。

5.3.1　吸收

用溶液、溶剂或清水吸收废气中的有害气体，使其与废气分离的方法叫吸收法。溶液、溶剂、清水称为吸收剂。不同的吸收剂可以吸收不同的有害气体。吸收法使用的吸收设备叫吸收器、净化器或洗涤器。许多湿式除尘设备，都可以用于净化有害气体。当作吸收设备时，分别称为喷淋洗涤器、泡沫洗涤器、文氏管洗涤器等。吸收法的优点是几乎可以处理各种有害气体，适用范围很广，并可回收有价值的产品。缺点是工艺比较复杂，吸收效率有时不高，吸收液需要再次处理，否则会造成废水的污染。根据溶质是否与液相组分发生化学反应，可以将吸收分为物理吸收和化学吸收。

1. 物理吸收

气体中各组分因在溶剂中的物理溶解度不同而被分离的吸收操作称为物理吸收，是溶解的气体与溶剂或溶剂中某种成分并不发生任何化学反应的吸收过程。此时，溶解了的气体所产生的平衡蒸汽压与溶质及溶剂的性质、体系的温度、压力和浓度有关。吸收过程的推动力等于气相中气体的分压与溶液溶质气体的平衡蒸汽压之差。物理吸收时会产生近似于冷凝热的溶解热。以水吸收 CO_2、SO_2 及甲醛蒸汽，用重油吸收烃类蒸汽等，均属于物理吸收范畴。

2. 化学吸收

一般气体在溶剂中的溶解度不高，利用适当的化学反应可大幅度提高溶剂对气体的吸收能力。例如，二氧化碳在水中的溶解度甚低，但若以碳酸钾水溶液吸收二氧化碳时，则在液相中发生碳酸钾、二氧化碳和水生成碳酸氢钾的化合反应，从而使碳酸钾水溶液具有较高的吸收二氧化碳的能力。同时，化学反应本身的高度选择性必定赋予吸收高效率的选择性。可见，利用化学反应大大扩展了吸收操作的应用范围，此种利用化学反应而实现吸收的操作称为化学吸收。化学吸收的历程是：①气相中的溶质组分向气液界面传递；②溶质在界面上溶解；③溶质从界面向液相传递，并与液相中的活性组分发生反应。若反应速度很快，活性组分在液相中的扩散速率足够高，则溶质组分与活性组分在界面附近就完成反应。在这种情况下，过程速率取决于起反应的两组分的扩散速率，增加相际接触面积可以强化吸收操作。若化学反应速度很慢，反应区延伸到整个液相，则过程速率由反应控制，必须增大设备的持液量，才能使过程得到强化。

（1）作为化学吸收可被利用的化学反应一般应满足以下条件：

1）可逆性　如果该反应不可逆，溶剂将难以再生和循环使用。例如，用氢氧化钠吸收二氧化碳时，因生成碳酸钠而不易再生，势必消耗大量氢氧化钠。当然，若反应产物本身即为过程的产品时又另当别论。

2）较高的反应速率　若所用的化学反应其速度较慢，则应研究加入适当的催化剂以加快反应速率。

（2）与物理吸收相比，化学吸收具备的优点：

1）化学反应将溶质组分转化为另一种物质，提高了吸收剂对溶质的吸收能力，可减少吸收剂用量。

2）化学反应降低了吸收剂中游离态溶质的浓度，增大了传质推动力，可提高气体的净化程度。

3）化学反应改变了液相中溶质的浓度分布，因而可减小液相传质阻力，提高液相的传质分系数。因此，化学吸收的传质速率高，所需设备尺寸小。

4）化学反应具有的高度选择性，使吸收操作的选择性大为提高，能得到高纯度的解吸气体。虽然，化学吸收的不可逆程度较高，解吸比较困难，解吸所需要的能耗一般比物理吸收大，有时却不得不使用化学方法。

5.3.2　吸附

吸附法是指利用多孔性的固体物质，将一种或几种物质吸附在其表面而去除被处理空气中有害气体的净化方法。具有吸附能力的固体物质称为吸附剂，被吸附的有害气体称为吸附质。根据固体表面吸附力性质的不同，吸附可分为物理吸附和化学吸附两种。物理吸附的吸附力来源于分子间的范氏力，它可以是单分子层吸附，也可以是多层吸附。而化学吸附的吸附力来源于吸附剂与吸附质之间的化学键力。

1. 物理吸附

由于物理吸附是吸附剂和吸附质之间的分子间力引起的，而且不发生化学作用，所以吸附热较小，一般在 41.9kJ/mol 以内，因此在低温下就可以进行。被吸附的分子由于热运动还会离开吸附剂表面，即解吸，它是吸附的逆过程。由于分子间力是普遍存在的，所以一种吸附剂可吸附多种吸附质，没有选择性，但由于吸附剂或吸附质分子的极性强弱有差异，一种吸附剂对各种吸附质的吸附量不同。

物理吸附是一个可逆过程，只要提高温度或者降低气相主体中吸附质的分压力，吸附质将解吸出来，而且解吸出来的气体成分及特性没有改变。因此，物理吸附具有吸附剂易于再生和吸附质比较容易回收的优点。

2. 化学吸附

化学吸附是吸附剂和吸附质之间的化学键力引起的，发生了化学作用，一般在较高温度下进行，吸附热较大，相当于化学反应热，一般为 83.7 ~ 418.7kJ/mol。一种吸附剂只能对一种或几种吸附质发生化学吸附，它具有选择性。化学吸附是靠吸附剂和吸附质之间的化学键力进行的，所以只能形成单分子吸附层。当化学键力较大时，化学吸附是不可逆的。化学吸附比较稳定，不易解析，只有在高温下才会解析出来。因此，化学吸附具有解吸困难、解吸耗热量大、解吸出来的气体往往会改变了原来的特性而不能回收利用等缺点。

物理吸附和化学吸附并不是独立存在的，往往可能同时发生。同一物质在较低温度下可能发生物理吸附，而在较高温度下所经历的往往又是化学吸附，即物理吸附可以发生在化学吸附之前；也可能先发生单层的化学吸附，而后在化学吸附层上再进行物理吸附。

活性炭是一种用于净化被污染空气的常用吸附剂。空气净化一般使用的是硬度大、强度高、孔隙为微孔的活性炭。果壳炭、煤炭可以做为空气净化炭原料。对于苯、甲醛、氨气等有毒有害气体具有高效能吸附能力，可有效去除室内空气中的气态污染物及有害恶臭物质，进而达到降低污染、净化空气的目的。

5.4 室内声光电污染的控制措施

居室中除了厨房油烟、二氧化碳、甲醛等有害气体污染物之外，还存在着各种各样其他污染源，例如：噪声污染、光污染、电磁辐射污染等，这些污染同样严重威胁着人体舒适与健康，本节将提出控制和预防措施。

5.4.1 室内噪声控制措施

从政府行为上看，我国早在 1997 年就颁布了《环境噪声污染防治法》，许多省市及各行业也有一系列的噪声控制标准，为防止噪声污染、改善人们生活环境、促进经济发展起到了积极作用。从技术上看，控制室内噪声的主要措施有：降低噪声源的发声强度、隔声、吸声及个人噪声防护。

1. 降低噪声源的发声强度

降低噪声源的发声强度是控制噪声的主要措施，其关键是准确找出噪声源，从噪声源进行有效控制，选择合适的减振降噪材料，设计合理的减振降噪结构，可有效控制噪声源强度。如，针对交通噪声这类主要的城市环境噪声，可通过安装高质量刹车装置和高效排气消声器，或提高零部件润滑效果，从一定程度上抑制噪声；针对住宅区内配套的供水泵房噪声污染，可考虑其振动形成的结构传声特性，加强减振降噪处理，辅以吸声、隔声处理，安装稳定、高效的减振隔离系统；针对纳米材料在控制摩擦噪声中的显著效果，可利用纳米润滑材料降低生产设备的摩擦系数，提高荷载能力，降低噪声；针对室内噪声源的特性，应选择质量好、噪声小的家用电器，严格控制家用电器的音量，或在底座安装橡胶垫片减振。

2. 隔声、吸声控制

在设计住宅时，通过综合考虑平面布局的防噪、外窗与阳台的设计、隔墙与楼板的隔声与吸声，分户门的隔声，以及室内设备与管道的噪声控制等因素，设计出符合声学特性的绿色住宅。如顶棚做成微孔吊顶，墙面粘贴粗糙墙纸，地面铺设地毯，安装高效隔声门窗，使用木制家具和布艺窗帘。此外，通过绿色盆栽的方式，可有效对噪声源进行遮挡，是改善室内噪声环境的有效方法之一。

3. 加强营养提高免疫力

加强营养改善个人噪声防护能力。长期处于噪声环境中的人应多补充氨基酸和维生素，这对消除噪声的不良影响具有一定效果。实验表明，每天补充 100mg 维生素 C，可使肌肉耐力提高，疲劳感减轻。此外，各类粗粮、花生、大豆以及水果蔬菜等都有利于减少人体的噪声损害。

5.4.2　室内光污染及其控制措施

影响自然环境给人类正常生活、工作、娱乐、休息带来不利影响，损害人类观察物体的能力、引起人体不适和损害健康的各种光，都可归类为光污染。现今，光污染主要分三大类：白亮污染、人工白昼和采光污染。室内空间环境中的建筑材料以及涂料装饰是产生光污染的一个重要原因。其产生的反射光线多明亮晃眼、夺目炫眼，这样的室内环境是光污染的重灾区；"人工白昼"指的是一些不合理的灯光设计；"采光污染"就是一些自然采光的效果不佳。例如，由于窗户位置或者是窗帘等的使用不当造成的室外强光的投射，或者是夜间室外建筑物灯光的影响产生的干扰光，会影响人们正常的生活。

控制室内的光污染，主要是采用各种措施控制室内的不舒适眩光，只要将不舒适眩光控制在允许限度以内，失能眩光也就自然消除了。为维护良好的室内视觉环境，需要采用以下一些措施：

1. 尽快制定我国光污染防治的标准和规范

我国现有法律体系对光污染的规定尚呈空白状态，针对我国的实际情况，可以修改《民法》、《环境保护法》及相关法律，完善有关环境保护纠纷解决程序的法律法规，增加追究造成光污染者的行政、民事、刑事责任的规定。目前，可以先参照发达国家的有关规定和标准来指导照明设计。城市照明尤其是集中居住区附近的景观照明应严格按照照明标准设计。一般来说，安装景观照明灯具时，灯光不能高于其水平线，同时要改变以往认为景观照明越亮越好的错误看法，特别是要避免高亮度光源对集中居住区的影响。

2. 合理确定光照

根据不同的空间、不同的场合、不同的对象来选择不同的照明方式和灯具，并保证恰当的照度和亮度，光线不要时明时暗或闪烁。注意灯具与居室空间大小、总的面积、室内高度等条件相协调，选择灯具的尺寸、类型和多少。选对合适灯具，才不会亏待"心灵的窗户"。

光污染的防治，多以预防为主。随着人们对"眩光、光污染和光干扰"的关注，节能、环保和健康已成为绿色照明的基本宗旨。积极的照明方式是影响人的情绪和生活空间环境的重要因素。

5.4.3　室内电磁辐射污染控制措施

随着室内现代化程度的逐步提高，各种自动化办公设备、家用电器等出现在人们工作和生活的主要场所。这些电器设备辐射出一定能量的电磁波，这些不同频率和功率的电磁波几乎充斥于室内的每一个角落，给人们的工作和生活带来了一定的危害。这些电器设备包括：较大功率的空调、吸尘器、微波炉、电脑、复印机及小功率的剃须刀和台灯等。在有限的时间、空间及有限的频谱资源条件下，密集程度逐步增大，造成室内空间电磁环境的恶化。而且随着这些电器设备的老化、陈旧以及更新换代的加快，其电磁辐射的程度也会随之增大，由此引发的电磁环境污染问题已日益严重，并威胁着人类的生存和健康。

由于电磁辐射污染充斥着室内空间的每个角落，因此，完全控制辐射污染是非常困难的。可以尽量减少室内电磁辐射污染的影响。比如注意室内家用电器的设置，不要把家用电器摆放得过于集中，以免使自己暴露在超剂量电磁辐射的危险之中，尽量避免长时间操作，同时尽量避免同时操作和开启多种电器。多食用抗电磁辐射的食物，提高自身免疫力。这部分内容将在第 8 章中讲述。

5.5　居室污染物的其他控制措施

空气净化法主要通过吸收、转移或者破坏等途径进行。目前对微生物污染效果比较好的主要有离子法、光催化法和紫外线法等。

1. 臭氧消毒法

臭氧是一种广泛应用的高效消毒剂，氧化作用极强，反应速度快，有很好的消毒、除臭作用。与其他的消毒方法相比，臭氧消毒具有无有害残留、无二次污染、空气消毒浓度分布均匀、无死角、使用方便等优点。臭氧杀灭微生物作用原理是通过破坏肠道病毒的多肽链，使 RNA 受到损伤；也可与氨基酸残基（色氨酸、蛋氨酸和半胱氨酸）发生反应而直接破坏蛋白质。臭氧主要用于空气消毒，各种空气消毒净化器均可用于密闭无人条件下消毒。臭氧消毒空气的浓度为 $1 \sim 2mg/m^3$，持续 30min，对各种细菌的杀灭率可达 99% 以上，关机后 30min，臭氧的浓度可降至 $0.2mg/m^3$ 以下，长期在这种低浓度臭氧条件下生活不会产生危害，同时可降低空气中的二氧化硫、氮氧化物等。

2. 紫外线灭菌法

紫外线在建筑及空调系统中的应用形式主要有 3 种：安装在风道（一般为回风道）内，必须保证足够的照射剂量才能达到较好的杀菌效果；循环风紫外线消毒，让空气有组织地循环通过紫外灯有效照射区，增加紫外线照射时间，在局部环境中灭菌是颇为有效的；被动式紫外线消毒，将处理样品置于紫外线照射之下。虽然紫外线灭菌是一种应用很久的技术，但应用中仍存在不少问题。如何将紫外线有效地与集中空调通风系统结合是有待解决的问题，将过滤器或静电集尘器和紫外灭菌灯结合使用的具体形式有待探求。同时紫外线的穿透能力很弱，在空调系统中使用一段时间后，如果灯管表面蒙尘将严重影响灭菌效果，如何从系统设计上解决这一问题是紫外线灭菌在空调系统中应用的关键。

3. 光催化技术

1972 年，日本东京大学的本多建一教授和博士班学生藤岛昭发现，用光照射二氧化钛电极可进行水的电解反应。这就是著名的"本多-藤岛效应"。日本将类似这种可在光照下出现光催化效应的化学材料命名为"光触媒"。国际学名：（Photo catalyst）＝光（Photo）＋催化剂（catalyst）。故也可以称光触媒为光催化材料。光触媒的反应机理是：当纳米级二氧化钛超微粒子在接受波长为 388nm 以下的紫外线照射时，其内部由于吸收光能而激发产生游离电子及空穴，经空气中的氧和水分子的反应，便会产生有极强氧化能力的氢氧自由基和活性氧，因而具有很强的光氧化还原功能。有害有机物、污染物、臭气、细菌等被活性氧吸附后，会马上氧化还原成无害物质（二氧化碳、水和氧气）。与传统净化技术相比，它是一种广泛、彻底、安全和持久的空气净化技术。主要有以下功能：

（1）空气净化功能：对甲醛、苯、氨气、二氧化硫、一氧化碳、氮氧化物等影响人类身体健康的有害有机物起到净化作用。

（2）释放负氧离子：中国科学院理化技术研究所对国内某光触媒进行检测后发现，使用优质远红外光触媒喷涂 $100m^2$ 建筑面积的房间，相当于种了 25 棵白桦树的净化效果。

（3）杀菌功能：对大肠杆菌、黄色葡萄球菌等具有杀菌功效。在杀菌的同时还能分解由细菌死体上释放出的有害复合物。

（4）除臭功能：对香烟臭、厕所臭、垃圾臭、动物臭等具有除臭功效。防污功能：防止油污、灰尘等产生。对浴室中的霉菌、水锈、便器的黄碱及铁锈和涂染面褪色等现象同样具有防止其产生的功效。

（5）净化功能：具有水污染的净化及水中有机有害物质的净化功能，且表面具有超亲水性，有防雾、易洗、易干的效能。

当然光触媒使用也有一定的局限性，例如：需要尽量保持室内的光线，为光触媒提供一个良好的条件，同时光触媒与其他被动空气净化产品一样，都需要空气中的有害物质与其表面接触才能发生反应，所以需要增强室内空气的流动性，保持一定的通风是有好处的。

4. 抗菌剂抑菌技术

抗菌剂是指能够在一定时间内使某些微生物（细菌、真菌、酵母菌、藻类及病毒等）的生长或繁殖保持在必要水平以下的化学物质，是一类具有抑菌和杀菌性能的新型助剂。

抗菌材料的起源从远古时代人们就开始使用，人们发现用银和铜容器留存的水不宜变质，后来皇宫和达官贵人吃饭时又习惯使用银筷子，民间又用银制成饰品佩戴，我国民间很早就开始认识到银有抗菌作用。

抗菌剂一般分为无机类和有机类两大类。前者以银、锌、铜等为主原料，以无机填料为载体，制成无机抗菌剂，耐高温性能好。后者以酯类、醇类、酚类为主要原料，耐高温性较低，一般在 200℃ 以下，个别为 250℃，杀菌时间短，偶有析出等现象。

根据目前研究现状，按抗菌剂对细菌、病毒及真菌的作用位点可分为两类：一种是抗菌剂的作用位点是细胞膜；另一种是细胞壁。而前者对于无细胞壁结构的（如病毒）更具有普遍性，但由于现在大多数研究多是针对细菌进行实验。因此，两种解释均有其客观性。随着分子生物学的发展，对抗菌机理的研究也逐渐向动态化和微观化方向发展，第三种抗菌途径也逐渐得到重视，它是通过研究抗菌剂对细菌生活史及其代谢的影响，从而达到抗菌的作用。

5. 负离子技术

负离子的来源及对人体健康的影响在本书第 2.4.2 节中进行了详细阐述，本小节仅叙述负离子技术对控制室内污染所起的作用。

负离子在调节空气中正、负离子浓度比的同时，还可吸附空气中的尘粒、烟雾、病毒、细菌等污染物，变成重离子而沉降，达到净化的目的。负离子拥有极强的杀菌能力，可以使流感病毒失去活力，并抑制大肠杆菌和黑色菌的繁殖。

6. 其他防止污染的措施

夏季蚊蝇猖獗，病毒随之传播，此时应尽量使用蚊帐、涂抹花露水等环保无公害产品，对于杀虫剂，比如蚊香、敌敌畏等，虽然杀虫效果显著但容易在室内造成二次污染，对人体，尤其是对婴幼儿身体健康造成不良影响，应慎用。同样，对于饲养宠物的家庭，为防止细菌传播，应保持宠物周身清洁，勤洗澡，慎用各种杀菌药水。

随着国家环保法规的日益严格，环境意识的深入人心，室内污染的控制与治理将越来越受到重视，与室内环境污染相关的产业及技术也会逐渐发展兴旺。人类的室内居住生活环境水平将会进入一个新的时代。

本章参考文献

[1] 王智超，邓高峰，等．建筑室内污染物控制技术研究 ［J］．建筑科学，2013.10.

[2] 朱颖心．建筑环境学（第三版）［M］．北京：中国建筑工业出版社，2010.

[3] 唐中华．通风除尘与净化 ［M］．北京：中国建筑工业出版社，2009.

[4] 王智超．机械通风是解决住宅室内通风问题的适应方法 ［J］．建筑科学，2006.

[5] 孙永耀，沈国民，谢军龙．利用机械通风改善住宅室内的空气品质 ［J］．制冷与空调，2006.3.

[6] 卞国金，王联群．居住建筑设计中交通噪声的影响及其控制措施 ［J］．安徽建筑，2010，2：55-57.

[7] 郭金妹，韩惠敏．室内噪声污染及其控制 ［J］．科技创新导报2011，10：238.

[8] 肖辉乾，郝云祥．光污染的危害、动向与防治方略 ［J］．照明技术，2003，（1）：1-6.

[9] 刘胜兰．光污染一个亟需立法规范的环境问题 ［J］．益阳师专学报，2001，22（1）：92-93.

[10] 刘晓燕．室内电磁辐射污染对人体健康的影响及防护 ［J］．内蒙古科技与经济，2007，11：341-343.

[11] Xu P，Peccia J，Favian P，et al. Efficiency of ultra violet germicidal irradiation of upper-room air in inacti-vating airborne bacterial spore s and micro-bacteria in full-scale studies ［J］. Atmospheric Environment. 2003，37：405-419.

[12] http：//baike. baidu. com/view/23839. htm.

[13] http：//baike. baidu. com/link？url＝AhbZDG9PsFr5OC3Rx9HbECZSJWipP85_LPzf0Ot-TrjJ4qq0HEMMUvz-Sg4PEDe_nU8cDW4Fch7_2j6bpX3UFK.

[14] 王璐，贾金平．室内空气中化学污染物的控制措施探讨 ［J］．绿色科技，2013.5.

第6章　居室人工环境与人体健康

环境是以人为主体的外部世界的总称，包括自然环境和人工环境。按照所研究空间与自然环境是否相通，可分为密闭空间环境和非密闭空间环境两大类；按照所研究空间的功能，又可分为建筑环境、交通工具环境、军事装备环境、工农业生产环境以及人工检测环境等。

本章所涉及的居室人工环境是工程环境的一种，指人类通过技术手段而创造出来的满足一定要求的居室内部空间环境，包括居室内的热、湿、风环境，涉及室内的温度、湿度、风速、气体成分、污染物浓度以及空气压力等。

根据建筑类型的不同，居室人工环境通常包括商用建筑、住宅建筑及地下建筑内部空间的人工环境等。典型商用建筑包括写字楼、酒店、医院、商场、学校、体育场馆、车站、机场等；住宅建筑则包括高层住宅、多层住宅、别墅、庄园等；地下建筑种类各异，包括地铁、地下隧道、地下商用建筑、人防工程等。可见，居室环境大多数情况下是属于非密闭空间环境。在这些非密闭空间中，自然环境中的空气会进入居室内部空间之中，居室内的空气参数不仅受到内部人员、设备等的影响，同时也受到自然环境中空气参数的影响。自然环境的影响有时是有利的，如可以直接从自然环境中补充新鲜空气，保持居室内部空间中的氧气浓度基本不变；有时是不利的，如自然环境中的灰尘会通过渗透使得居室内部空间的污染物浓度过高，自然环境中的高温、高湿将使居室内部空间的温、湿度等参数不符合人体的舒适性要求，从而必须采用人为的技术手段进行干预，得到满足一定要求的居室内部空间环境，即居室人工环境。

本章将介绍室内热、湿、风环境对人体健康的影响、居室人工环境的控制措施，以及人工环境的热舒适性评价。

6.1　室内热、湿、风环境的影响

6.1.1　室内热、湿、风环境

人的生命是靠人体的新陈代谢来维持的，在新陈代谢过程中产生热量以维持人的体温。人体产生热量的状况还受到环境的影响，人体和环境之间，通过吸热和散热保持热平衡。周围环境小气候的各个要素，如温度、湿度、风速、日照等，对人体的热平衡都有影响。这些因素当中某一要素的变化所造成的影响，常可为另一种要素的相应的变化所补偿。例如：人在自然环境为低温时，需要从外界获得热量，既可以晒一会儿太阳，通过太阳的热辐射获得热量，也可以在室内通过各种设备或系统对房间进行加热使室内温度升高，从而获得身体所需热量。在自然环境为高温的热环境中，由于温度升高所造成的影响，也可以通过增大风速而抵消，或者可以在室内通过各种设备或系统对房间进行降温使室内温度降低等。当空气温度低于 21℃时，人不会出汗。随着气温的升高，出汗量逐渐增多，温度的影响就显得重要了。在气温低于皮肤温度（35℃）时，空气的流动能够增加人体通过对流和蒸发散热；当气温高于 35℃时，情况就会变得复杂：气流既可以加速蒸发散热，又可以通过对流的方式受热，而且气温越高，后一种影响就越明显。

与室内热环境有关的物理量主要有室内空气温度、室内空气湿度、室内空气流速、围护结构内表面及其他家具物件表面的温度等。

1. 室内空气温度

温度是分子动能的宏观度量。为了度量温度的高低，用温标来作为公认的标尺。目前国际上常用的温标是摄氏温标，符号为 t，单位是摄氏度（℃）。另一种温标是表示热力学温度的热力学温标，也叫开尔文温标，符号为 T，单位是开尔文（K）。它是以气体分子热运动平均动能趋于零时的温度为起点，定为 0K，以水的三相点温度为定点，定为 273.15K。摄氏温标 1℃和开尔文温标 1K 的分度是相等的。这两个温标间的关系是：

$$t = T - 273.15 \tag{6-1}$$

式中，273.15 是冰点的热力学温度。

2. 室内空气相对湿度

在一定温度下，空气中所含水蒸气的量有一个最大的限度，当空气中水蒸气的含量达到这一极限时，该空气就称为饱和湿空气。超过了这一限度，多余的水蒸气就会凝结为液态水而从湿空气中分离出来，如顶棚、墙面上有时会出现的水珠，浴室内的雾等，都是饱和之后"超限"的水蒸气凝结而成的。饱和湿空气中水蒸气的分压力称为饱和水蒸气分压力。它将随温度的变化而相应地改变，如表 6-1 所示。

所谓相对湿度，就是空气中水蒸气的分压力与同温度下饱和水蒸气分压力的比值：

$$\varphi = \frac{P}{P_a} \times 100\% \tag{6-2}$$

式中　φ——相对湿度；

P——湿空气中水蒸气分压力，Pa；

P_a——同温度下空气的饱和水蒸气分压力，Pa。

由上式可知，相对湿度表示的是空气接近饱和的程度。

饱和水蒸气分压力与温度的关系

表 6-1

空气温度 （℃）	饱和水蒸气分压力 （Pa）
10	1225
20	2331
30	4232

相对湿度 φ 值小，说明空气的饱和程度小，感觉干燥；相对湿度 φ 值大，表示空气饱和程度大，感觉湿润。

3. 室内空气流速

室内空气具有一定的流动速度，而空气的流动速度总是具有一定的不均匀性，因此，对室内空气流速的描述常常有平均流速和工作区空气流速。平均流速是对室内空气总的流动状况的描述，往往用于评价居室的换气效率；而工作区空气流速是对人所在区域的空气流动状况的描述，对人体的热舒适度和健康产生影响的往往是工作区空气流速。

4. 围护结构内表面及其他表面的温度

温度在绝对零度以上的一切物体都发出辐射，人在室内与室内各物体之间存在着辐射热交换。对于大多数房间来说，环境辐射温度都会或多或少地有一些不均匀。在考虑周围物体表面温度对人体辐射散热的影响时，可用平均辐射温度来表述。平均辐射温度的意义是一个假想的等温围合面的表面温度，它与人体间的辐射换热量等于人体周围实际的非等温围合面与人体间的辐射换热量。

6.1.2 室内热、湿、风环境对健康的影响

1. 热舒适

不同使用性质的房间，对室内热环境有不同的要求。但不论建筑物的用途有何差异，只要人在室内工作与生活，就存在热舒适的问题。热舒适是指人对环境的冷热程度感觉满意，不因过冷或过热而感到不适。热舒适不仅是保护人体健康的重要条件，也是人们正常工作、生活的保证。人们在室内感到热舒适的必要条件是：人体内产生的热量与向环境散发的热量相等，即保持人体的热平衡。

$$S = M - W - C - R - E = 0 \qquad (6-3)$$

式中　S——人体的蓄热量，人体的蓄热量取决于上述各项热量得失的综合结果；当 $S>0$ 时，人的体温上升；当 $S=0$ 时，体温不变；当 $S<0$ 时，体温下降；显然，满足 $S=0$ 时，人体处于热平衡状态，体温恒定（36.5℃），这是人体感到热舒适的必要条件；

M——人体新陈代谢过程中的产热量；人体新陈代谢释放的能量除用于对外作机械功外，大部分都转化为人体内部的热量，最后以对流、辐射和蒸发的方式将热量散发到环境中；

W——人体对外做的机械功，主要取决于人的劳动强度；

C——对流换热量；当人体与周围空气间存在温度差时，就会产生对流换热。它取决于人体表面和空气间的温差及气流速度等。当体表温度高于空气温度时，人体散热，C 为负值；反之，人体得热，C 为正值；

R——辐射换热量；辐射换热量的大小取决于人体表面与周围环境壁面的温度、辐射系数、相对位置及辐射面积。当人体表面温度高于周围壁面温度时，人体失热，R 为负；反之，人体得热，R 为正；

E——人体的蒸发散热量。人体的蒸发散热量是由有感的汗液蒸发散热、无感的呼吸和皮肤隐汗汗液蒸发散热量组成的。由呼吸引起的散热量与新陈代谢率成正比；通过皮肤的隐汗散热量取决于皮肤表面和周围空气中的水蒸气压力差；有感的汗液蒸发是靠皮下汗腺分泌汗液来散热，它与空气的流速、从皮肤经衣服到周围空气的水蒸气压力分布、衣服对水蒸气的渗透阻力等因素有关。

2. 温度对健康的影响

室内空气温度对居室环境起着重要的作用，是影响人体热舒适的主要因素，它直接影响人体通过对流及辐射的显热交换。人体对温度的感觉相当灵敏，除人体皮肤中存在温度感受器之外，人体体内的某些黏膜和腹腔内脏处也存在温度感受器，通过这些分布在皮肤表层的冷热感受器就可以对冷热环境作出判断。反复试验表明，人判断冷热的重现能力，并不比机体生理反应的重现能力低，在某些情况下，这种主观温热感觉往往较某些客观的生理量度更具有意义。

环境温度与人体生理活动密切相关。人体最舒适的环境温度在 20~28℃ 之间，其中在 15~20℃ 的环境中人的记忆力最强、工作效率最高。在 4~10℃ 的环境中，发病率通常较

高；而在4℃以下时，皮肤易生冻疮，其他发病率也会升高。当环境温度高于28℃时，人就会有不舒适感。如果温度再高就易导致烦躁、中暑、精神紊乱。比如在30℃时，身体汗腺会全部投入工作；气温高于34℃，并伴有频繁的热浪冲击时，还可引发一系列疾病，特别是心脏、脑血管和呼吸系统疾病的发病率上升，死亡率明显增加。若人体温度达到40℃以上，生命就会直接受到威胁。

（1）高温与人体健康

高温天气分为高温炎热天气和高温闷热天气两种。当日最高气温大于或等于35℃，相对湿度在60%以下时称为高温炎热天气；当日最高气温大于或等于32℃但达不到35℃，相对湿度在60%以上时称为高温闷热天气。在这样的天气情况下，人体汗水来不及从皮肤中排泄出去，热量难以发散，感觉非常难受。这是自然界升温对人体造成的直接影响。自然界升温对人体健康也有间接影响：一是自然界的升温为蚊子、苍蝇提供了更好的滋生条件，为病原体提供了更佳的传播环境，有利于传染病的流行；二是高温加快了光化学反应速率，从而提高了大气层有害气体的浓度，进一步伤害了人体健康。城市的"热岛效应"还会使城市每个地方的温度并不一样，而是呈现一个闭合的高温中心。在这些高温区内，空气密度小，气压低，容易产生气旋式上升气流，使得周围各种废气和化学有害气体不断对高温区进行补充。在这些有害气体作用下，高温区居民极易患上消化系统或神经系统疾病。此外，支气管炎、肺气肿、哮喘、鼻窦炎、咽炎等呼吸道疾病人数也有所增多。

在高温环境下工作，人体中最重要的生命物质——蛋白质异常甚至失去活性。第一，高温环境的热作用可降低人们中枢神经系统的兴奋性，使机体体温调节功能减弱，热平衡易遭受破坏，而促发中暑，加速毒物的吸收。第二，高温刺激和作业所致的疲劳均可使大脑皮层机能降低和适应能力减退。随着高温作业的进行，作业人员体温逐渐升高。第三，高温作业可使运动神经兴奋性明显降低，中枢神经系统抑制占优势。此时，作业人员出现注意力不集中，运动准确性与协调性差，反应迟钝，作业能力明显下降，既而引发生产事故。第四，在高温环境中，作业人员识别、判断和分析的脑力劳动的作业能力或效率下降尤为明显，而且识别、分析、判断指标的改变发生在各项生理指标（如体温、心率等）改变之前。第五，人体受热时，首先会感到不舒适，气候才会发生体温逐渐升高，并产生困倦感、厌烦情绪、不想动、无力与嗜睡等症状，进而使作业能力下降、错误率增加。当体温升至38℃以上时，对神经、心理活动的影响更加明显。第六，在遭受急性热作用的人群中，会出现突然的、引人注目的情绪失控，如自我无法控制的哭泣或无缘无故地突然大怒等。第七，长期在高温环境作业，会造成不育症，影响人的心理问题。

（2）低温与人体健康

低温环境能减缓人体的基础代谢率，呼吸、脉搏、血压等生命机能的运作相对缓慢，由此消耗的"生命能"也随之减少。低温环境是减缓"生命能"消耗速度的有效方法之一。低温生活让男人更健康，低温下精子就会免去被高温蒸死的危险。低温作业是指职工在寒冷条件下工作。寒冷可使人皮肤温度降低，末梢血管收缩，寒战，并影响劳动能力和工作效率，严重时可造成冷冻损伤或者诱发（加重）某些病症如哮喘、缺血性心脏病等。

3. 湿度对健康的影响

湿度是表示大气干燥程度的物理量。空气湿度过大或过小，都对人体健康不利。湿度过大时，人体中松果腺体分泌出的松果激素量也较大，使得体内甲状腺素的浓度相对降低，细胞就会"偷懒"，人就会感到无精打采，萎靡不振。长时间在湿度较大的地方工作、生活，还容易患风湿性、类风湿性关节炎等湿痹症。湿度过小时，蒸发加快，干燥的空气易夺走人体的水分，使人皮肤干裂，口腔、鼻腔黏膜受到刺激，出现口渴、干咳、声哑、喉痛等症状，所以在秋冬季干冷空气侵入时，极易诱发咽炎、气管炎、肺炎等疾病。现代医学证实，空气过于干燥或潮湿，都有利于一些细菌和病菌的繁殖和传播。科学家测定，当空气湿度高于65%或低于38%时，病菌繁殖滋生最快；当相对湿度在45%～55%时，病菌的死亡率较高。

在偏热的环境中人体需要出汗来维持热平衡，空气湿度的增加并不能改变出汗量，却能改变皮肤的湿润度。因为此时只要皮肤没有完全湿润，空气湿度的增加就不会减少人体的实际散热量而造成热不平衡，人体的核心温度就不会上升，所以在代谢率一定的情况下，排汗量不会增加。但由于人体单位表面积的蒸发换热量下降会导致蒸发换热的表面积增大，从而增加人体的湿表面积，即增加了皮肤的湿润度。皮肤湿润度的增加被感受为皮肤的"粘着性"的增加，从而导致了热不舒适感。所以说，潮湿的环境令人感到不舒适的主要原因是使皮肤的"粘着性"增加。

4. 室内风速对健康的影响

周围空气的流动速度是影响人体对流散热和水分蒸发散热的主要因素之一。气流速度大时，人体的对流蒸发散热增强，亦即加剧了空气对人体的冷却作用，同时，还影响人体的皮肤触觉感受，这种气流造成的不舒适感觉被称为"吹风感"。吹风感是最常见的不满问题之一，是人体所不希望的局部降温，因吹风导致的寒冷引起的冷颤使人感到不愉快。过高的风速会使人产生吹风的烦扰感、压力感和黏膜不适等感觉。

在炎热的环境中，空气流动能为人体提供新鲜的空气，并在一定程度上加快人体的对流散热和蒸发散热，从而增加人体的冷感，提供冷却效果，使人体达到热舒适；但在炎热的环境中，人体水分的过分蒸发，可能导致人体缺水，引起中暑。

5. 室内各结构表面辐射温度对健康的影响

周围物体表面温度的高低，影响着人体与居室环境的辐射换热量，决定了人体辐射散热的强度。在同样的室内空气参数条件下，如果围护结构内表面温度高，人体会增加热感，内表面温度低，则会增加冷感。

对于多数的建筑来说，居室环境温度都会存在一些不均匀性，过高的辐射不均匀度会使人产生不舒适感。冷辐射的不均匀性还会产生人体所不希望的局部降温，给人带来类似吹风感的不舒适感觉。图6-1描述了辐射不对称性和人体舒适性之间的关系。

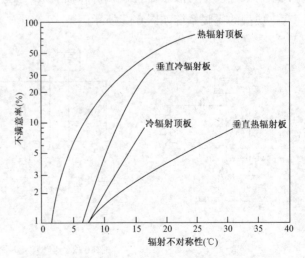

图6-1 辐射不对称性和人体舒适性之间的关系

6.2　室内热、湿、风环境的控制

在自然环境不符合人体健康及舒适要求时，要创造对人体健康有利的、满足要求的居室人工环境，必须采用人为的技术手段对居室内部空间环境进行干预，这就需要有创造人工环境的系统，通常称之为人工环境系统。

传统上，人们通常使用供暖系统、通风系统和空调系统来创造室内空气环境。供暖系统通常仅关注温度，通风系统通常关注氧气和污染物浓度（有时也涵盖温度），而空调系统理论上讲则应既涵盖温度、湿度，又涵盖污染物浓度的控制。利用通风系统控制居室内部空间环境的方法和措施已在第 5 章中阐述，下面将对利用供暖和空调系统控制居室内部空间环境的方法和措施进行简单介绍。

6.2.1　供暖

供暖就是用人工方法向室内供给热量，使室内保持一定的温度，以创造适宜的生活条件或工作条件的技术。供暖系统有热水（高、低温）供暖系统、蒸汽供暖系统及电热供暖系统。其中热水及蒸汽供暖系统由热源（热媒制备）、热循环系统（管网或热媒输送）及散热设备（热媒利用）三个主要部分及附件等组成；电热供暖系统由电源（380V 和220V）、电热设备（发热电缆、电热膜等）及附件等组成。本节主要介绍热水及蒸汽供暖系统。

热水及蒸汽供暖系统的主要组成部分如下：

（1）热源：热的发生器，用于产生热量，是供暖系统中供应热量的来源。热源目前有以下几种：锅炉房、热电厂、工业余热、核能、太阳能和地热等。

（2）热循环系统：用于进行热量输送的管道及设备，是热量传递的通道。

（3）散热设备：用于将热量传递到室内的设备，是供暖系统中的末端设备。我国使用较多的散热设备有散热器、暖风机和辐射板三类。

典型的供暖系统如图 6-2 所示。

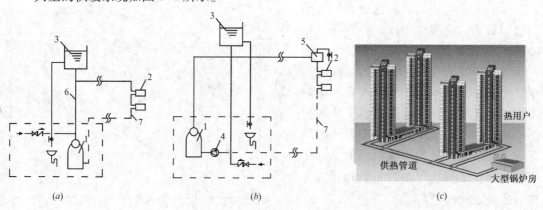

图 6-2　典型供暖系统示意图

（a）重力循环热水供暖系统；（b）机械循环热水供暖系统；（c）集中供暖系统

1—锅炉；2—散热器；3—膨胀水箱；4—循环水泵；5—集气罐；6—供水管；7—回水管

在供暖系统中，承担热量传输的物质称为热媒。常用的热媒有水和蒸汽两种。

供暖系统的基本工作原理：低温热媒在热源中被加热，吸收热量后，变为高温热媒（热水或蒸汽），经输送管道送往室内，通过散热设备放出热量，使室内温度升高；散热后温度降低，变成低温热媒（低温水），再通过回收管道返回热源，进行循环使用。如此不断循环，从而不断地将热量从热源送到室内，以补充室内的热量损耗，使室内保持一定的温度。

6.2.2 空调

如今，人们的生活已经离不开空调了，各种新型空调还在不断涌现。空调从诞生之日发展到今天，已经走过了百余年的历程。

空气调节是指通过一定的技术手段，使特定空间内的热、湿、风速和洁净度等参数达到设计要求，以满足人体舒适和工艺过程要求的一种建筑环境控制技术。

空气调节技术是在分析特定建筑空间环境质量影响因素的基础上，采用各种手段对空气介质按需进行热湿、过滤与消声等处理，使之具有适宜的参数与品质，空调系统一般由被调对象、空气处理设备、输配管网、冷热源和自动控制系统组成。

空调设备种类繁多，按照结构形式可分为组合式、整体式及其他小型末端空调器等。冷热源又分为天然冷源和人工冷源。

空气调节按照服务对象不同，可分为舒适性空调和工艺性空调两大类。

（1）舒适性空调：主要为满足人体舒适性要求的空气调节技术，要求温度适宜、环境舒适，对温湿度的调节精度无严格要求，如住房、办公室、影剧院、商场、体育馆、候机（车）室、汽车、船舶、飞机等。

（2）工艺性空调：主要为满足生产或其他工艺过程要求而进行的空气调节技术，根据工艺不同有的侧重于温度、有的侧重于湿度、有的侧重于空气洁净度，提出一定的调节精度要求。如精密仪器生产车间、纺织厂、净化厂房、电子器件生产车间、计算机房、生物实验室等。集中式空调系统如图6-3所示。

6.2.3 居室人工环境的热、湿、风环境参数指标

我国《民用建筑供暖通风与空气调节设计规范》GB50736—2012中对供暖及空调系统的室内热湿风环境参数指标做了规定。

1. 供暖系统居室人工环境的热湿参数指标

供暖室内设计温度考虑到不同地区居民的生活习惯不同，分别对严寒和寒冷地区、夏热冬冷地区主要房间的供暖室内设计温度进行了规定，应符合这三条规定：①严寒和寒冷地区主要房间应采用18~24℃；②夏热冬冷地区主要房间宜采用16~22℃；③设置值班供暖的房间不应低于5℃。

根据国内外相关研究表明，人体衣着适宜、保暖量充分且处于安静状态时，室内温度为20℃比较舒适，18℃无冷感，15℃是产生明显冷感的温度界限。冬季热舒适对应的温度范围是18~24℃。基于节能的原则，本着提高生活质量、满足室温可调的要求，在满足舒适的条件下尽量考虑节能，因此选择偏冷的居室环境，将冬季供暖设计温度定为18~24℃。

冬季空气集中加湿耗能较大，延续我国供暖系统设计习惯，供暖建筑不做湿度要求。

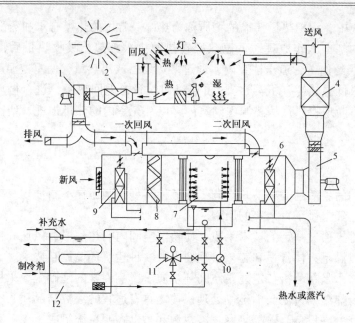

图 6-3　集中式空调系统

1—回风机；2,4—消声器；3—空调空间；5—送风机；6—再热器；

7—喷水室；8—空气过滤器；9—预热器；10—喷水泵；11—电动三通阀；

12—蒸发器水箱

从实际调查结果来看，我国供暖建筑中人们常采用各种手段实现局部加湿，供暖季居室相对湿度在 15% ~55% 之间波动，这既满足了舒适度要求，又可达到节能的目的。

考虑到夏热冬冷地区实际情况和当地居民生活习惯，其室内设计温度略低于寒冷和严寒地区。夏热冬冷地区并非所有建筑都供暖，人们衣着习惯还需要满足非供暖房间的保暖要求。因此，综合考虑该地区的实际情况和居民生活习惯，确定夏热冬冷地区主要房间供暖室内设计温度宜采用 16 ~22℃。

2. 空调系统居室人工环境的热、湿、风参数指标

考虑到人们在居室中长期逗留和短期逗留对居室环境的舒适性要求不同，因此分别给出了不同的室内设计参数。

（1）人员长期逗留区域空调室内设计参数应符合表 6-2 的规定。

人员长期逗留区域空调室内设计参数　　　　　　　　　　表 6-2

类　　别	热舒适度等级	温度（℃）	相对湿度（%）	风速（m/s）
供热工况	Ⅰ级	22 ~24	≥30	≤0.2
	Ⅱ级	18 ~22	—	≤0.2
供冷工况	Ⅰ级	24 ~26	40 ~60	≤0.25
	Ⅱ级	26 ~28	≥70	≤0.3

注：1. Ⅰ级热舒适度较高，Ⅱ级热舒适度一般。

　　2. 热舒适度等级划分按《民用建筑供暖通风与空气调节设计规范》GB50736—2012 第 3.0.4 条确定。

根据我国《中等热环境 PMV 和 PPD 指数的测定及热舒适条件的规定》GB/T 18049，相对湿度应该设定在 30%～70% 之间。从节能的角度考虑，供热工况室内设计相对湿度越大，能耗越高。供热工况下相对湿度提高 10%，则供热能耗约增加 6%，因此不宜采用较高的相对湿度。调研结果显示，冬季空调建筑的室内设计湿度几乎都低于 60%，还有部分建筑不考虑冬季湿度。对舒适度要求高的建筑区域，应对相对湿度的下限做出规定，明确相对湿度不小于 30%，对于舒适度要求一般的区域，则不规定相对湿度范围。

对于空调供冷工况，相对湿度在 40%～70% 之间时，对应满足热舒适的温度范围是 22～28℃。本着节能的原则，应在满足舒适条件的前提下选择偏热的居室环境。由此确定空调供冷工况室内设计参数为：温度范围是 24～28℃，相对湿度范围是 40%～70%。在此基础上，对不同舒适区做了如表 6-2 所示的规定。

对于风速，参照国际通用标准并结合我国实际国情，根据室内由于吹风感而造成的不满意度比例，确定空调供冷工况室内允许最大风速为 0.3m/s；供热工况室内允许最大风速为 0.2m/s。

对于围护结构的内表面温度，我国《民用建筑热工设计规范》GB50176—93 的要求是：冬季，保证内表面最低温度不低于室内空气的露点温度，即保证内表面不结露；夏季，要保证内表面最高温度不高于室外空气计算最高温度。

（2）短期逗留区域是指人们暂时停留的区域，如商场、车站、机场、门厅、展厅等。由于人们停留时间较短，综合考虑建筑节能要求，可在如上长期逗留区域的参数基础上适当降低要求。人员短期逗留区域空调供冷工况室内设计参数宜比长期逗留区域提高 1～2℃，供热工况宜降低 1～2℃。短期逗留区域供冷工况风速不宜大于 0.5m/s，供热工况风速不宜大于 0.3m/s。

6.3　人工环境的热舒适性评价体系

式（6-3）给出了人体蓄热率为零时各变量之间的平衡关系，它为居室环境是否达到热舒适的判断提供了一种标准，但无法描述居室环境给人们形成的热舒适程度。国际标准 ISO 7730 中，以 PMV-PPD 指标来描述和评价居室环境的热舒适。

PMV 为预计平均热感觉指数，反映人体热平衡偏离程度，该指标正值越大，人就觉得越热，相反如果负值越大，人就觉得越冷。热感觉标尺如表 6-3 所示。

PMV 热感觉标尺

表 6-3

热感觉	热	暖	微暖	适中	微凉	凉	冷
PMV 值	+3	+2	+1	0	-1	-2	-3

PMV 指标代表了同一环境下绝大多数人的感觉，所以可以用来评价一个热环境舒适与否，但是人与人之间的个体差异却不能忽视，因此 PMV 指标不能代表所有人的感觉。

PPD 为预测不满意百分比，该指标表示人群对热环境不满意的百分数。利用概率分析的方法，可以得出 PMV 和 PPD 之间的定量关系如式（6-4）所示：

$$PPD = 100 - 95\exp\left[-\left(0.03353PMV^4 + 0.2179PMV^5\right)\right] \qquad (6-4)$$

　　PMV 与 PPD 之间的关系可由图 6-4 中的曲线来表示。可见，当 PMV = 0 时，PPD 为 5%。说明即使室内热环境处于最佳热舒适状态，仍有 5% 的人对室内热舒适度感到不满意。因此 ISO 7730 对 PMV-PPD 指标的推荐值在 -0.5 ~ +0.5 之间，相当于人群中允许有 10% 的人觉得不满意。

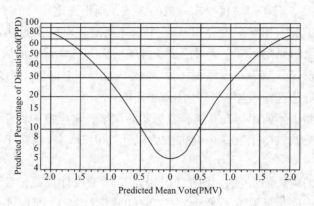

图 6-4　PMV 与 PPD 的关系曲线

　　我国国家标准《中等热环境 PMV 和 PPD 指数的测定及热舒适条件的规定》GB/T 18049 等同于国际标准 ISO 7730。《民用建筑供暖通风与空气调节设计规范》GB 50736—2012 中结合我国国情对舒适度等级进行了划分，如表 6-4 所示。采用 PMV-PPD 评价室内环境热舒适，既与国家现行标准一致，又与国际接轨。

不同热舒适度等级对应的 PMV、PPD 值　　　　　　　　　　表 6-4

热舒适度等级	PMV	PPD
Ⅰ级	$-0.5 \leqslant PMV \leqslant 0.5$	≤10%
Ⅱ级	$-1 \leqslant PMV \leqslant -0.5，0.5 \leqslant PMV \leqslant 1$	≤27%

本章参考文献

[1] 崔宝秋. 环境与健康［M］. 北京：化学工业出版社，2012.

[2] 唐中华. 暖通空调［M］. 成都：电子科技大学出版社，2009.

[3] 李先庭. 人工环境学［M］. 北京：中国建筑工业出版社，2006.

[4] 朱颖心. 建筑环境学［M］. 北京：中国建筑工业出版社，2005.

[5] 2009 ASHRAE Handbook, Fundamentals (SI), American Society of Heating, Refrigerating and Air-conditioning, Engincers, Inc, 1791 Tullie Circle. N. E, Atalanta, CA30329.

[6] 赵荣义. 空气调节（第四版）［M］. 北京：中国建筑工业出版社，2009.

[7] GB50736—2012. 民用建筑供暖通风与空气调节设计规范［S］. 北京：中国建筑工业出版社，2012.

[8] 徐伟. 民用建筑供暖通风与空气调节设计规范宣贯教材［M］. 北京：中国建筑工业出版社，2012.

第7章　生活用品污染及危害

随着现代社会物质文明的高度发展，人们的生活水平得到很大提高。然而人们在享受现代科技带来的便利的同时，也面临各种化学毒素和电磁辐射的危害，不健康的居室生活行为可能危害人体健康。

根据科学调查，至少有一半的致病与死亡原因是与人们极不看重的一些小小的生活用品有关系。有人形容说，假如你身上带着一块脏手帕，就好像你带着一颗定时炸弹一样危险。白色污染、装修污染、空调病等也成为人们日常生活中的隐形健康杀手。因此，由生活用品所造成的污染与危害确实是非常严重的，应当唤起每一个人的警觉。

生活用品是指生活中常用的一些物品的统称。从广义上讲，生活用品包括药品、化妆品、衣物、杀虫剂、洗涤剂、颜料、涂料、文具、玩具、运动器具、炊事用具、餐具、装饰品等。本章重点介绍与人们日常生活关系密切的几种生活用品可能产生的污染、造成的不安全因素和危害及对策。

7.1　化妆品

人类使用化妆品可谓历史悠久。早在殷纣王朝，就有人用天然植物制成胭脂，用来增添妇女脸上的红润和色泽。战国时宋玉的登徒子好色赋中，有"著粉则太白，施朱则太赤"的句子，反映了当时妇女有擦粉、涂胭脂的习惯。在国外，化妆品的使用也很早，公元前古埃及女王克里奥·帕特拉用驴乳沐浴，以丰润皮肤；罗马帝国在公元前5～公元前7世纪就知道对皮肤、毛发、指甲、牙齿等进行美化和保健。至于今天，化妆品的使用就更为广泛和品目繁多了。总而言之，古今中外的人对各类化妆品都有着浓厚的兴趣。

化妆品是由遮盖、吸收、粘附、滑爽、抑汗和散香等各种不同作用的原料，经过配方加工复制而成的。化妆品是人们日常生活中使用最为广泛的用品之一，人们往往只注意化妆品对人体皮肤、毛发的保护和美化作用，而忽视它对人体健康产生危害的一面。由于化妆品种类繁多，使用的原料也很广泛，许多原料含有有毒有害化学物质，有的原料本身就是有害物质。此外，化妆品在生产和包装、运输、保存过程中也有被病原微生物污染的可能。

7.1.1　化妆品中有害物质的来源

目前的化妆品都是化学合成品，虽然有对人体保护和美化的功能，但多少都会挥发出各种有害物质，对人体皮肤产生刺激作用，有些甚至引起诸如皮肤水肿、瘙痒、斑疹等"化妆品皮炎"。化妆品中有害物质的主要有以下两种来源。

1. 原材料中含有有害物质

化妆品的原材料主要来自天然产物，而其中色素、防腐剂和香料大都是合成产品，有的容易刺激皮肤，引起过敏和皮肤色素沉着。化妆品原料中的香料，广泛使用煤焦油类合成香料，而煤焦油系统色素中有偶氮染料、亚硝基染料和硝基色素等，会发生还原反应形成致癌的芳香胺化合物。合成香料中尤其像醛类系列产品，往往对皮肤的刺激性很大，致使化妆品对人体的危害性增加。化妆品中有的色素对细胞能产生变异，颜料很多是含有对人体有害的重金属成分的，如铅、砷、汞等。化妆品中常用的锌化合物，其原料闪锌矿常含有镉。

2. 生产和使用过程中遭到污染

化妆品在生产和使用过程中受到病菌或微生物的污染也是化妆品的主要危害来源。例如雪花、奶液中检出了大肠杆菌以及肠道寄生虫卵、致病菌等。使用中的化妆品如果储存条件卫生不达标，细菌会在其中分解，逐渐使化妆品变质。国外曾报道过，化妆品中检出亚硝基二乙醇胺，很可能来自生色乳化剂三乙醇胺，因为它普遍使用于化妆品中，常常带有杂质二乙醇胺，有亚硝基存在时就可以发生化学反应而生成亚硝基二乙醇胺，这种物质经皮肤吸收，可以对肝脏产生毒害而致癌。

化妆品陈旧变质也是化妆品中产生有害物质的主要原因。化妆品中含有脂肪、蛋白质等物质，时间长了容易变质或被细菌感染。

7.1.2　化妆品中的有害物质及危害

国内广泛使用的粉类、霜类、膏类、染发剂等化妆品中，所用的色素、防腐剂、增白剂、染料、香料等都不同程度地含有各种有害物质。如果进入体内，危害甚大，其中的某些化合物据认为有一定的致癌作用。化妆品品种林林总总，其中的有害物质也多种多样，而有害物质对人体健康的影响也各有不同。化妆品中的有害物质及危害见表 7-1。

化妆品中的有害物质及危害

表 7-1

有害物质	化妆品	作用器官	症状	标准
铅	香粉 防晒霜 美白产品	神经系统 消化系统 造血系统	神经衰弱综合症；消化系统出现食欲不振、腹绞痛、恶心呕吐、腹泻；造血系统出现血色素低，正常红细胞型贫血或小细胞型贫血等	铅在化妆品中最高限量为 40mg/kg
汞	祛斑霜（包括增白剂）	主要对肾脏损害最大，其次是肝脏和脾脏	汞的慢性毒害极大，特别是能抑制生殖细胞的形成，因而会影响青年人的生育；易疲劳、嗜睡、情绪不稳、头痛等；同时还会伴有血红蛋白含量及红细胞、白细胞数降低、肝脏受损等	汞及其化合物为化妆品组分中禁用的化学物质，作为杂质存在其限量为小于 1mg/kg
镉	防晒霜香粉	心脏、肝脏、肾脏、骨骼肌和骨组织	主要临床表现为高血压、心脏扩张、早产儿死亡、诱发肺癌	在化妆品中含量不得超过 40mg/kg（以镉计）

有害物质	化妆品	作用器官	症　状	标　准
砷	生发剂	神经系统、肝、肾、毛细血管等	慢性砷中毒，出现头晕、头痛、无力、四肢酸痛、恶心呕吐、食欲不振、肝区痛、腹胀、腹泻、贫血、皮肤色素沉着等症状。砷急性中毒表现为急性胃肠炎、休克、中毒性肌肤炎、肝病及中枢神经系统症状。皮肤直接接触砷，可出现皮炎、湿疹、毛囊炎和皮肤角化等皮肤损害，经常接触可导致皮肤癌。砷还会透过胎盘屏障，导致胎儿畸形	砷在化妆品中的限量为10mg/kg（以砷计）
氢醌（对苯二酚）	氧化着色剂（染发剂）		与头发中的蛋白质形成完全抗原，使一些人发生过敏性皮炎；还可能导致严重再生障碍性贫血	在化妆品中最大允许浓度为2%
甲醇	香水及喷发胶	中枢神经系统	甲醇主要经呼吸道和胃肠道吸收，皮肤也可部分吸收。具有明显的麻醉作用，可引起脑水肿；对视神经及视网膜有特殊选择作用，引起视神经萎缩，导致双目失明	最大允许浓度为2000mg/kg

7.1.3　化妆品的正确使用

首先，根据自身情况选择优质化妆品。优质化妆品有商标、到期日期、生产企业名称及卫生许可证编号。其次，选择药物化妆品时，还应注意产品有无卫生部门的特殊用途化妆品批准文号，为防止化妆品中有毒物质如水银及致癌物质的危害，应选用经卫生部批准的优质产品。最后，应选用未超过保质期的化妆品，一般在 3~6 个月内用完，并贮存在阴凉干燥处。另外，许多营养型、药用型植物都有其生物活跃期，故使用化妆品也应根据有效期，在最佳效用期内使用。

7.2　塑料用品

塑料作为人工合成的高分子材料，具有取材容易、价格低廉、加工方便、质地轻巧等优点，塑料可被制成碗、杯、袋、盆、桶、管等。有些塑料本身就是单纯的树脂，如聚乙烯、聚苯乙烯等，称为单一组分塑料。有些塑料除了合成树脂之外，还含有其他辅助材料，如增塑剂、稳定剂、着色剂、各种填料等，称为多组分塑料。

7.2.1　塑料制品的主要成分

1. 合成树脂

合成树脂是指以煤、电石、石油、天然气以及一些农副产品为主要原料，先制得具有一定合成条件的低分子化合物（单体），进而通过化学、物理等方法合成的高分子化合物。这类化合物的特性类似天然树脂（如松香、琥珀、虫胶等），但其性能又比天然树脂更加优越。

合成树脂的含量在塑料的全部组分中占 40% ~ 100%，起着粘结的作用，它决定了塑料的主要性能，如机械强度、硬度、耐老化性、弹性、化学稳定性、光电性等。

2. 塑料助剂

在塑料中加入助剂的目的主要是为了改善加工性能，提高使用效能和降低成本。助剂在塑料用料中所占比例较少，但对塑料制品的质量却有很大影响。不同种类的塑料，因成型加工方法以及使用条件不同，所需助剂的种类和用量也不同。主要的助剂有：增塑剂、稳定剂、阻燃剂、抗静电剂、发泡剂、着色剂、润滑剂、增强材料和填料等。

7.2.2 塑料制品的危害

塑料制品中对人体的健康危害在于塑料本身、塑料助剂、填充物以及塑料的印染材料等方面。

1. 塑料本身毒害

我国允许用于食品容器和包装的塑料有聚酯、聚乙烯、聚丙烯、聚苯乙烯、聚氯乙烯、三聚氰胺、脲荃树脂等。其中，聚乙烯、聚丙烯是安全的塑料，可以用来盛装食品。但是，多数聚氯乙烯塑料袋有毒，不能包装食品，因为其在高温环境中会迅速分解，释放出氯化氢气体。聚氯乙烯树脂中未聚合的氯乙烯单体会对人体有害，同时聚氯乙烯不易处理，焚化时发生化学反应会生成氯化氢和二噁英。

发泡塑料餐具主要原料为聚苯乙烯。聚苯乙烯无毒，卫生安全性好。但聚苯乙烯树脂聚合残留的单体苯乙烯及其他一些挥发性物质，包括乙苯、异丙苯、甲苯等有一定毒性，尤其苯烯单体能抑制大鼠的生育能力，减少肝脏及肾脏平均重量。另外，它不易回收、不易腐烂，造成土地劣化，在自然界中降解周期需 200 ~ 400 年，焚化又放出大量有害气体。另由聚苯乙烯组成的一次性发泡塑料餐具中的有害物质可渗入到食物中，对人体的肝脏、肾脏及中枢神经系统等造成损害。

2. 塑料助剂毒害

塑料助剂中的增塑剂通常含有一种化合药剂，会对人体内分泌系统有很大的破坏作用，扰乱人体的激素代谢，还极易渗入食物，尤其是高脂肪食物。如果高脂肪食物经过长时间的塑料包裹，食物中的油脂很容易将保鲜膜中的有害物质溶解，并且在加热时会加速塑化剂中化合药剂释放到食物中。增塑剂食用后会引起妇女患乳腺癌、新生儿先天缺陷、男性精子数降低，甚至精神疾病等。

塑料助剂中稳定剂的主要成分是硬脂酸铅，这种铅盐极易析出，一旦进入人体就会造成积蓄性铅中毒。这些有毒物质和食品一起吃下去，对人体健康有害。特别是用聚氯乙烯塑料袋，在盛装温度超过 50 ~ 60℃的食品时，袋中的铅就会溶入食品。

双酚 A 也是塑料助剂中常见的一种物质，主要用于生产聚碳酸酯、环氧树脂、聚砜树脂、聚苯醚树脂、不饱和聚酯树脂等多种高分子材料，也可用于生产增塑剂、阻燃剂、抗氧剂、热稳定剂、橡胶防老剂、农药、涂料等精细化工产品。资料表明，双酚 A 属低毒性化学物。动物试验发现双酚 A 有模拟雌激素的效果，即使很低的剂量也能使动物产生雌性早熟、精子数下降、前列腺增长等作用。此外，有资料显示双酚 A 具有一定的胚胎毒性和致畸性，可明显增加动物卵巢癌、前列腺癌、白血病等癌症的发生。

几乎所有的塑料制品中均含有邻苯二甲酸二（2-乙基己）酯（DEHP），其目的是为了让塑料变软，具有耐热和耐寒特性。随着时间的推移，这种物质会慢慢从塑料制品中逸出，进入空气、土壤、水源乃至食品。DEHP 会影响人体荷尔蒙系统，特别是成长中的青少年，对男孩睾丸生长和发育十分不利。为此，欧盟将其列入影响生物繁衍的有害物质。

3. 塑料填充物毒害

塑料制品中的填充物在遇热或遇油脂会释放出致癌致病化学物质，严重危害人体健康。一般合格品中聚丙烯用量要占到 70%～80%，其余为填充剂。然而一些厂家在产品中添加滑石粉、碳酸钙等填充物竟超过了 50%，从而导致餐具中的碳酸钙严重超标。工业碳酸钙主要是用各种废旧回收塑料加工而成的颗粒，可能含有很多细菌、病毒，同时还含有苯、芳香环族等致癌物质，是国家禁用于生产餐盒的原料。食用工业碳酸钙容易形成胆结石、肾结石。工业碳酸钙中还含有铅、铬等重金属，对人体的消化道、神经系统也有很大的危害。有些餐具里含有工业石蜡，工业石蜡含有苯、多环芳烃等多种有害物质，对人体的神经系统、造血系统也会造成伤害，还可能致癌。

4. 印染材料毒害

用于塑料染色的颜料的渗透性和挥发性较强，遇油、遇热时容易渗出。染料中含有芳烃和重金属会对健康有一定影响。目前市场上的一些由劣质废塑料制成的玩具常常会涂上涂料，涂料中就含有铅、铬、锑、砷、钡、镉、汞等重金属，它们一旦超标，就会给儿童健康造成威胁。此外，劣质塑料袋主要以废品回收塑料为原料，由于其来源复杂，盛放物品不详，易将杂质带入再生制品中，故常加入大量的深色染料以掩盖色泽上的缺陷。塑料薄膜印刷过程中常使用一些溶剂助溶，在涂料和油墨中添加苯、甲苯、二甲苯、丙酮等溶剂，这些溶剂都是有毒的，如果使用不当都可直接污染食品。

7.2.3　塑料制品的正确使用

一般市场出售的塑料食品袋、奶瓶、提桶、水壶等，多为聚乙烯塑料，用手摸起来有润滑感，表面像一层蜡，易燃烧，火焰黄色并有蜡状物滴落，有石蜡气味，这种塑料无毒。工业用包装塑料袋或容器，大多用聚氯乙烯制成，里面加入含铅盐稳定剂等。这种塑料用手摸时，发黏，不易燃烧，离火即熄灭，火焰呈绿色，而且分量较重，这种塑料有毒。

不要随意用塑料制品装油、醋、酒。即使是市场上出售的白色半透明的提桶，它虽无毒，但也不适宜长时间装油、醋，不然易使塑料发生溶胀现象，也会使油氧化，产生对人体有害的物质；盛酒也要注意，时间不可过长，过长会降低酒的香浓味和度数。

尤其值得注意的是，用有毒的聚氯乙烯提桶盛装油、醋、酒等，会使油、醋、酒污染。食用这些被污染的油、醋、酒等，会出现恶心、皮肤过敏等现象，严重的还会损害骨髓和肝脏。另外，也要注意，不要用提桶装煤油、汽油、柴油、甲苯、乙醚等，因为这些东西易使塑料软化、溶胀，直至开裂、损坏，而造成意想不到的后果。

人们在使用塑料制品时，常常会遇到其发生变硬、变脆、变色、变裂以及性能降低等现象，这就是塑料老化。为解决老化问题，在制塑料时常加一些防老剂，以减慢其老化速度，其实这并未从根本上解决问题。为了使塑料制品能经久耐用，主要是使用时要得当，不让阳光曝晒，不让雨淋，也不在火上或暖气上烤，不要常接触水或油类等。

废弃的塑料制品不要乱烧。有毒的塑料不易燃烧，燃烧时会放出黑烟、臭味以及有毒气体，对环境和人体都有危害；而无毒的塑料燃烧后，也会污染环境，影响人体健康，还会引起各种炎症等。

7.3　织物用品

织物是指由纺织纤维和纱线制成的柔软而具有一定力学性质和厚度的制品。长度和宽度之比大于千倍以上（例如棉：1400、羊毛：3000），并且具有一定的柔韧性和强力的纤细物质统称为纤维。纺织纤维是构成面料的基本材料，它有两大类：天然纤维与化学纤维。所谓纱，就是将纺织纤维平行排列，并经加捻制成的产品。织物在人们的生活中应用广泛，品类繁多，涉及衣物、床单被套、餐巾桌布、毛巾、窗帘、沙发套等。

织物包括机织物、针织物、非织造布、编织物、特种织物等。

7.3.1　织物用品中的有害物来源

织物在原材料生产和加工环节都可能存在污染，污染的来源主要有种植环节农药残留；储存环节防腐剂、防霉剂、防蛀剂等化学物质残留；纺织印染环节使用的氧化剂、催化剂、去污剂、增白荧光剂、偶氮染料、甲醛、卤化物载体等化学物质以及重金属污染。

7.3.2　服装可能含有的毒素及危害

1. 服装可能含有的毒素

服装在原材料生产、存放及加工过程都可能受到污染，甚至有些污染物是人为添加的。服装可能含有的毒素有甲醛、二甲基甲酰胺、直链烷基碘酸盐、萘、芳香胺化合物、壬基酚（NP）与壬基酚聚氧乙烯醚（NPE）等。

甲醛主要用于染色助剂以及提高服装防皱防缩效果的树脂整理剂。甲醛的危害见第 3 章相关内容。二甲基甲酰胺是化纤布料纺丝过程中的有机溶剂。有些衣料用合成洗涤剂漂洗，其中含有酒精、硫酸和直链烷基碘酸盐等化学成分。为防虫蛀，常进行萘处理。可分解芳香胺染料是指由可致癌芳香胺合成的染料，即人们常说的"禁用偶氮染料"。偶氮染料是合成染料中品种最多的一类，有很多直接染料、酸性染料、分散染料、活性染料、阳离子染料都是偶氮染料。NP 是公认的具有持久性和生物累积性的有毒有害物质，并且是一种内分泌干扰物。NPE 是人造化学物质，通常被作为表面活性剂用，并被应用于纺织品制造。无论是棉、麻或是化纤布料、成人服装、童装或婴幼儿服装都可能残留 NPE。

2. 化纤服装的危害

化纤是人造纤维和合成纤维的总称，它与天然纤维如棉、麻、羊毛、蚕丝、兽毛等一样，都是优良的纺织材料，其中人造棉、人造丝、人造毛等是植物纤维经过化学处理加工而成的再生纤维，性能与棉纱相似。合成纤维是人工合成的，有涤纶、腈纶、锦纶、维纶等品种。化纤织物色泽鲜艳，轻巧耐用，容易洗涤，质坚价廉，很早就已经遍及千家万户。

化纤衣服一般都容易带静电，涤纶、尼龙、腈纶这类物质都是电介质，吸湿性比较差，在摩擦作用下会产生电。化纤服装虽然无毒，但有些人却不宜穿用，因为涤纶、锦纶、腈纶等内衣会使有些人的皮肤产生过敏，引起过敏性皮炎，如有的患者皮肤起皮疹并伴有剧痒，而停穿后便可痊愈。尼龙长筒袜等倍受女性的青睐，但它们也给一些过敏者带来麻烦，即使用后常会感到奇痒，晚间脱衣时尤为剧烈，皮肤有灼热感。对尼龙过敏者还会出现荨麻疹，发病快消失也快，自觉皮肤奇痒并伴有头昏、烦躁、恶心、呕吐等神经症状，甚至可出现低烧症状，严重过敏的人会发生过敏性紫癜和过敏性休克。尼龙纤维还会使一些人血液的酸碱度发生变化，使体内钙质减少，从而破坏体内电解质的平衡。日本科学家认为，用化纤做成的贴身内裤会抑制睾丸的正常生理功能，甚至出现女性化的现象。我国医学界发现，女青年穿尼龙内裤会引起尿急、尿频、尿痛症状。

化纤内衣引起的皮肤瘙痒症的原因是由于人们的各种活动使化纤内衣不断与皮肤发生摩擦，产生较多的电荷，形成电场，这些外加的电场可改变机体局部的生物电位，当电位差达到一定的刺激阈值时就会使局部瘙痒不适，由于机体电位变化，可能使那些原有的隐性植物神经功能紊乱症状显现出来。由于静电作用，对部分皮肤过敏的人会产生一种信息反映到大脑神经中枢，引起组织胺等物质释放，从而引起皮肤瘙痒及皮疹等病症，也可诱发心律失常等。但是，并非所有穿着化纤衣服的人都会发病，即使发病，其症状亦不尽相同，这很可能与个体因素有关。

7.4　金属制品

金属制品在生活中应用广泛，包括金属器皿、佩戴首饰、室内装饰等，然而人体与金属制品接触时，若不注意，也有可能危害人体健康。本节主要介绍金属器皿和金属饰品的相关内容。

1. 家用金属器皿

家用金属器皿有铁制、锑制、铝制的，过去还有锌制、铜制的等，人们用这些金属器皿来盛放、贮藏、烹调食物。但这些金属器皿如果应用不当，也会对人体产生不良影响，甚至可以引起中毒。如果了解了金属器皿的性能并合理使用，就不会伤到自己的身体。

（1）锑制器皿

常用的搪瓷器皿就是含锑的食具。如果长时间在搪瓷器皿里放置酸性食物，如醋等，器皿内的锑就会溶进食物中。锑对胃肠道黏膜有刺激作用，吃了含锑的食物，且食入达到中毒量，就会引起剧烈恶心、呕吐、腹痛、腹泻等症状，这就是锑中毒。

（2）铁制器皿

铁锅是家庭中广泛使用的铁制食具，如果用铁锅熬煮酸性水果，水果中的果酸会溶解铁锅中的铁而生成低铁化合物，长期食用含有低铁化合物的食物，舌、齿龈会呈现紫黑色，并伴随恶心呕吐等胃肠道刺激症状。

（3）铅制器皿

有些人喜欢用锡铅合金做的酒壶或茶壶等食具热酒、热茶。加热后，壶中的铅会溶入饮食中，如用含铅 72.8% 的酒壶热酒 15min，每 100mL 酒中能溶入铅 1.55mg。所以长期使用可能发生铅中毒症状，如口咽干燥、发热、疼痛，有金属臭味，口腔黏膜变为白色，大量流涎、恶心呕吐，呕吐物为奶块状，大便呈黑色，腹痛，冷汗淋漓，甚至休克。

（4）锌制器皿

用镀锌的器皿装盛或贮藏酸性食物和饮料，其中锌会溶于食物中。长期食用可引起不良反应，如呕吐、腹泻、食欲不振、口舌发麻、头晕头痛等症状，但病情较轻，病程也短。

（5）铜制器皿

如果铜制器皿生了铜绿，再存放或烹调食物，食后其铜绿对口腔、食道、胃肠道黏膜可引起轻重不等的糜烂，还会损害血管、神经、肝肾等。

（6）铝制器皿

钢精锅是近代最广泛使用的铝制炊具，导热性强，以煮饭最好。但生铝锅杂质较多，炒菜可产生微量铝毒，长期使用对健康不利，更不宜在铝锅内久放食品。铝能过血脑屏障或通神经元轴浆沿嗅神经入脑，引起铝性脑病、老年性与早老性痴呆，进而可引起记忆、行为、运动协调等改变。长期摄入含铝化合物后，铝离子被吸收于血中并蓄积于骨内，导致骨痛、肌痛、肌无力及骨折。铝可抑制生殖系统中多种酶的活性，致使运动染色体畸变、死胎率升高。

2. 金属饰品

（1）分类

1）镀金首饰：在非黄金材料（如银、铜、铅、锌等合金材料）上电镀一层 24K 金。好的镀层厚度为 $10\sim25\mu m$，一般镀层厚度为 $2\sim5\mu m$。

2）鎏金首饰：多在非金属制品的表面，用金汞合金（俗称金泥）均匀地涂抹，并经高温蒸发后黄金附着在产品的表面。

3）包金首饰：指在铅、铝、锌及合金材料的表面上裹上一层黄金。

4）镀铜首饰：即在非贵重金属首饰的表面上镀上一层黄铜。

5）稀金首饰：将稀土元素与黄铜掺合的一种金属，色泽接近 18K 到 20K 黄金的色泽。

6）亚金首饰：是一种以铜为基体的新型仿金材料，色泽、质地与 18K 黄金相似，通常有一些特殊镀层。

7）仿金首饰：以铜、铝为原料制成的首饰，其表面电镀一层较难磨的黄铜镀层。

8）亚银金属：又称"德国钻"、"镍银"，由 60% 的铜，20% 的镍和 20% 的锌配制而成，该金属质地硬，延展性好。

9）锡锑合金：由 94% 的锡和 6% 的锑组成，用于各种仿白银器皿的制作。

（2）金属饰品的利与弊

如今佩戴金属饰物的男女越来越多。金属饰品除了美化容貌、仪态之外，对人体还有一定的保健作用。我国古医书中曾有这样的记载：黄金味辛苦、性平，入心、肝经，将金箔、金粉用于治病，具有祛风、安神、镇惊、破积、消疳、养颜、增寿之功效。研究表明，金箔或金粉入口沿消化道下行，可促进大肠运动。慕尼黑食品局通过化验鉴定认为，黄金不但能食用，被人体微量吸收，而且由于黄金独特的静电作用，能吸收人体内积蓄的有害物质，将其排出体外。黄金在人体内还能抵御和杀死癌细胞，因此医生用一种带放射性的黄金制剂，注射到人体内治疗癌症。外科用金箔治疗皮肤溃疡，处理烧伤烫伤都有很好的效果。用金丝固定骨折形成的碎骨，能减少病人痛苦，且无副作用。银也有很强的杀菌作用。据测定，1kg 水中只要含有千亿分之二克银，就能把水中的细菌全部杀死。研究表明，伤寒杆菌在银片上只能活 18h，白喉杆菌仅能活 3 天。

饰品作为会与人体长期接触的物品，其含有的有害重金属会对人体产生一定危害，例如各类饰品中镍释放，以及铅、镉、砷、六价铬及汞等可溶性重金属。皮肤是人体的保护器官，又具有呼吸、吸收的功能，所佩戴的金属饰物经过汗水的融化，皮肤的吸收，微量的金、银、铜、铁、铝等便进入人体内，但无论是项链、戒指、耳环，还是不常佩戴的手链、脚镯，甚至手表的金属表链，金属眼镜架及乳罩的金属扣子等，都含有镍、铬等成分，同样都会经皮肤吸收，使皮肤产生过敏反应，造成对皮肤的伤害，引起接触性皮炎，其主要症状为痛痒感和烧灼感，出现红斑、水泡、丘疹及鳞屑等，严重者会引起溃疡，甚至诱发哮喘等病。

国家标准《饰品有害元素限量的规定》GB 28480-2012 于 2013 年 5 月 1 日开始实施。该标准适用于各种材质的饰品（珠宝玉石除外），饰品包括首饰和摆件，但该标准中的首饰特指非贵金属首饰，其材质包括金属、纺织品、皮革等，标准规定了饰品中有害元素的种类及其限量。

金属材料中的砷、铬、汞、铅、镉、镍等元素，一旦超标就将会严重影响人体健康，特别是在炎热的夏季人体出汗增多，将会加速饰品中的镍、铬、铅等氧化分解进而转移至人体皮肤，被吸收后危害神经系统、造血系统等。

金属饰品中镍释放量和总铅、总镉含量应予以重点关注，因为该类产品中这两个项目容易不合格，特别是儿童饰品中总铅项目，其限量值较低，该物质对儿童危害大，长期佩戴通过皮肤吸收会造成儿童血铅超标。儿童体内血铅每上升 10g/100mL，儿童智力则下降 6~8 分，还会造成儿童注意力不集中，免疫力低下。为此，美国把普遍认为对儿童产生中毒的血铅含量下限由 0.25g/mL 下降到 0.1g/mL；多个国家的生态纺织品要求控制婴幼儿用品中可萃取铅含量低于 0.2mg/kg；世界卫生组织对水中铅的控制线已降到 0.01g/mL，我国生活饮用水要求也与之相同。

镍是当今最常见的导致接触过敏的原因，约有 10%~20% 的女性和 1%~3% 的男性会对镍产生过敏。几十年前人们就已经知道皮肤对镍的不良反应。耳环、装饰链等产品中在汗液、泳池水作用下释放出来的镍离子被皮肤吸收后，会产生过敏性接触皮炎，使局部皮肤发红发痒甚至溃烂。《饰品有害元素限量的规定》GB 28480—2012 制定了 $0.2\mu g/(cm^2 \cdot week)$ 和 $0.5\mu g/(cm^2 \cdot week)$ 的限量要求。另外，有些金属饰物中含有放射性污染物，例如钴、钇、镭等。这些放射性元素与金共生一矿，在开采、提炼及制造过程中会在金中仍有少量的残留。含有放射性污染物质的金属饰物会引起皮肤放射性损害，佩戴时间越久，这种损害越严重。研究资料表明，佩戴 5 年以下的一般无害，但是长达 7~8 年的会出现红斑、鳞屑、水泡、角化过度等皮肤损害。

3. 金属器皿和金属饰品的正确使用

（1）金属器皿的正确使用

锑制器皿（搪瓷锅）不能存放酸性食物，更不能用于烧煮酸性食品。铅制器皿（铅锡酒壶）不能用作食具或用来热酒或烹煮酸性食物。镀锌器皿不宜作为加热或盛放食物之用，也不宜放置酸类食品与水果。生铜绿的铜制器皿不能再盛放食物。不能用铝锅（生铝锅）、铝铲炒菜，食物也不要在铝制器皿中久放。

不合理使用金属器皿，又长期食用被金属污染的食品，就有可能中毒，将给健康带来不良影响。因此要正确使用金属器皿，一旦出现中毒症状，可以采取以下的方法来补救：

1）首先要分析所出现症状的来源，了解中毒者是否食用了在金属器皿中藏放过的食物以及食物的污染情况。

2）中毒早期可去医院进行催吐、洗胃、导泻等处理。如铁制器皿中毒，可用清水或 2% 小苏打溶液洗胃，内服硫酸镁导泻，如果是铅中毒则要用 1% ~2% 硫酸镁洗胃排毒。

3）在饮食上，要吃一些蛋清、米汤、面糊或牛奶等以保护胃黏膜，不可吃脂肪含量高或油类食物。呕吐、腹痛严重症状者应急送医院输液等对症处理。

（2）金属饰品的正确使用

为了避免金属饰品对皮肤的伤害及防止过敏，应注意不可戴得过久，尤其是皮肤直接接触的金属饰物。当皮肤受伤时，最好不要让饰物靠近伤口。要选择纯金或纯银饰物，少用镀铬或镀镍饰品，不要买劣质金属饰物。另外，要注意保持饰物的清洁，有污渍时应马上清洗，要经常做消毒处理。夏季炎热出汗多，最好不佩戴饰物，必须佩戴时戴后应将金属饰物擦拭干净。

如果已经出现过敏症状了，建议暂时不要再继续佩戴饰品了。及时清洗皮肤后，使用一些如达克宁霜、皮康霜等外用药，并保持通风。如果出现比较严重的症状一定要赶快就医。

7.5　食品的不安全因素

7.5.1　食品中的不安全因素

食品中存在的不安全因素涉及范围很广，原因复杂，大约可概括为以下三类：

1. 生物学因素

生物学的危害包括细菌、病毒和寄生虫等微生物。微生物分布广泛，绝大多数为非致病性的，很多还对人体有利，只有少数微生物在一定条件下才具有致病性。

生活中同食品有关的微生物致病主要是细菌，如沙门氏菌、葡萄球菌、大肠杆菌、肉毒杆菌等，细菌性食物中毒临床表现为恶心呕吐、腹泻腹痛等。

2. 物理因素

物理因素主要是由于食品中有玻璃、金属等硬物，人们吃时引起口腔、牙齿等损伤。由物理因素引起的伤害较为直接，一般不会对人体造成长远的影响。

3. 化学因素

化学因素引起的食物中毒一般具有毒性强、死亡率高的特点。化学性中毒一般分三类：天然化学物质、添加的化学物质、外部或偶然添加的化学物质。

（1）天然化学毒素　是指非人工添加的，食物本身含有的或因为变质而产生的毒素。例如：全国发生的多起扁豆中毒事件，扁豆中含有毒蛋白，如不充分加热，极易引起食物中毒。常见的是由黄曲霉产生的黄曲霉菌毒素，毒性较强，有致癌性，主要多见于霉变的玉米、杏仁、花生等植物中。

（2）食品添加剂　许多食品如糖果、糕点、罐头、饮料、酱油等都加入了食品添加剂，例如：漂白剂、防腐剂、香精、色素、膨化剂等。漂白剂主要用于食品漂白、杀菌等；防腐剂可以用于防止食物腐败变质，抑制微生物繁殖，延长食物保存期；香精可以使食物口味更加宜人；膨化剂可以使食品酥脆、松软，口感好。食品的生产过程中，厂家常常对添加剂量的把握不够严格，有的甚至故意违规过量添加。

（3）杀虫剂、除虫剂等化学污染物　包括兽药残留、农药残留、重金属残留、其他工业化学污染物等。

（4）工厂本身的化学物污染　由于生产过程中清洁剂、润滑剂、消毒剂、涂料的使用，污染了正在加工的食品。

7.5.2　食品中的天然毒素

随着科技的发展，生活水平的提高，人们对食品生产中发生食品污染问题的认识日益加深。因此，近几年来，非人工培植的、未经加工的天然食品越来越受到消费者的青睐。但是天然的可作为食物的很多有机体中也存在着一些对人体健康有害的物质，如果不进行正确加工处理或食用不当，也易造成食物中毒。

1. 天然毒素分类

天然毒素是指生物体本身含有的或生物体在代谢过程中产生的某些有毒成分。在可作为食品原材料的生物中，包括植物、动物和微生物，存在着许多天然毒素，根据这些毒素的化学组成和结构分为以下几类：

（1）生物碱

生物碱是一类具有复杂环状结构的含氮有机化合物。有毒的生物碱主要有茄碱、秋水仙碱、烟碱、吗啡碱、罂粟碱、麻黄碱、黄连碱和颠茄碱（阿托品与可卡因）等。生物碱主要分布于罂粟科、茄科、毛茛科、豆科、荚竹桃科等100多种的植物中，此外，动物中的海狸等亦可分泌生物碱。

（2）有毒蛋白或复合蛋白

异体蛋白质注入人体组织可引起过敏反应，某些蛋白质经食品摄入亦可产生各种毒性反应，植物中的胰蛋白酶抑制剂、红血球凝集素、蓖麻毒素、巴豆毒素、刺玫毒素等均属于有毒蛋白或复合蛋白，处理不当会对人体造成危害。例如胰蛋白酶抑制剂存在于未煮熟的大豆及其豆乳中，具有抑制胰脏分泌的胰蛋白酶的活性，食用后影响人体对大豆蛋白质的消化吸收，导致胰脏肿大，抑制生长发育。血球凝集素存在于大豆和菜豆中，具有凝集红细胞的作用。

（3）动物中的其他有毒物质。

猪、牛、羊、禽等畜禽肉是人类普遍食用的动物性食品。在正常情况下，它们的肌肉无毒而可安全食用。但其体内的某些腺体、脏器或分泌物，如摄食过量或误食，可扰乱人体正常代谢，甚至引起食物中毒。

2. 常见含有天然毒素食物

（1）植物性食物

1）菜豆和大豆　菜豆（四季豆）和大豆中含有皂苷，食用不当易引起食物中毒，一年四季皆可发生。烹调不当、炒煮不够熟透的豆类，所含皂苷不能完全破坏即可引起中毒，主要是胃肠炎。潜伏期一般 2~4h，症状为呕吐、腹泻（水样便）、头疼、胸闷、四肢发麻，病程为数小时或 1~2d，恢复快，愈后良好。因此烹调时应使菜豆充分炒熟、煮透，至青绿色消失、无豆腥味、无生硬感，以破坏其中所含有的全部毒素。

2）发芽马铃薯 马铃薯（土豆）发芽后可大量产生一种对人有毒性的生物碱——龙葵素，当人体摄入 0.2~0.4g 时，就能发生严重中毒。马铃薯中龙葵素一般含量为 2~10g/100g，如发芽、皮变绿后可达 35~40g/100g，尤其在幼芽及芽基部的含量最多。马铃薯如储藏不当，容易发芽或部分变黑绿色，烹调时又未能除去或破坏龙葵素，食后便易发生中毒。其潜伏期为数 10min 至数小时，出现舌、咽麻痒、胃部灼痛及胃肠炎、瞳孔散大、耳鸣等症状，重病者抽搐，意识丧失甚至死亡。

（2）动物性食物

1）青皮红鱼类 青皮红肉的鱼类（如鲤鱼、鲸鱼秋刀鱼、沙丁鱼、竹荚鱼、金枪鱼等）可引起过敏性食物中毒。这类鱼肌肉中含较高的组氨酸，当受到富含组氨酸脱羧酶的细菌污染和作用后，易发生中毒。但也与个体组织的过敏性有关。其主要症状为：面部、胸部或全身潮红、头痛、头晕、胸闷、呼吸急迫。部分病人出现出血、口唇肿，或口、舌、四肢发麻，以及恶心、呕吐、腹痛、腹泻、荨麻疹等。有的可出现支气管哮喘、呼吸困难、血压下降。

2）贝类 某些无毒可供食用的贝类，在摄取了有毒藻类后，就被毒化。因毒素在贝类体内呈结合状态，故贝体本身并不中毒，也无外形上的变化。当人们食用这种贝类后，毒素被迅速释放而发生麻痹性神经症状，称为麻痹性贝类中毒。中毒症状表现为：突然发病，唇、舌麻木，肢端麻痹，头晕恶心、胸闷乏力等，部分病人伴有低烧，重症者则昏迷，呼吸困难，最后因呼吸衰竭窒息而死亡。

7.5.3 食品污染

食品污染是指人们吃的各种食物在生产、运输、包装、贮存、销售、烹调过程中，混进了有害有毒物质或者病菌。

1. 食品污染的分类

食用受污染的食品会对人体健康造成不同程度的危害，食品污染可分为生物性污染、化学性污染和放射性污染。

（1）生物性污染

生物性污染主要是由有害微生物及其毒素、寄生虫及其虫卵和昆虫等引起的。肉、鱼、蛋和奶等动物性食品易被致病菌及其毒素污染，导致食用者发生细菌性食物中毒和人畜共患的传染病。食用被污染的食品会引起沙门氏菌或金黄色葡萄球菌毒素等细菌性食物中毒，还可引起炭疽、结核和布氏杆菌病（波状热）等传染病。

霉菌广泛分布于自然界。受霉菌污染的农作物、空气、土壤和容器等都可使食品受到污染。部分霉菌菌株在适宜条件下能产生有毒代谢产物，即霉菌毒素。如黄曲霉毒素和单端孢霉菌毒素，对人畜都有很强的毒性。一次大量摄入被霉菌及其毒素污染的食品，会造成食物中毒；长期摄入小量受污染食品也会引起慢性病或癌症。有些霉菌毒素还能从动物或人体转入乳汁中，损害饮奶者的健康。微生物含有可分解各种有机物的酶类。这些微生物污染食品后，在适宜条件下大量生长繁殖，食品中的蛋白质、脂肪和糖类，可在各种酶的作用下分解，使食品感官性状恶化，营养价值降低，甚至腐败变质。

（2）化学性污染

化学性污染主要指农用化学物质、食品添加剂、食品包装容器和工业废弃物的污染，汞、镉、铅、砷、氰化物、有机磷、有机氯、亚硝酸盐和亚硝胺及其他有机或无机化合物等所造成的污染。造成化学性污染的原因有：农业用化学物质的广泛应用和使用不当；使用不合卫生要求的食品添加剂；使用质量不合卫生要求的包装容器；工业的不合理排放所造成的环境污染也会通过食物链危害人体健康。

（3）放射性污染

食品中的放射性物质有来自地壳中的放射性物质，称为天然本底；也有来自核武器试验或和平利用放射能所产生的放射性物质，即人为的放射性污染。某些鱼类能富集金属同位素，如 137 铯和 90 锶等。后者半衰期较长，多富集于骨组织中，而且不易排出，对机体的造血器官有一定的影响。某些海产动物，如软体动物能富集 90 锶，牡蛎能富集大量 65 锌，某些鱼类能富集 55 铁。

2. 食品污染的危害

食品污染的危害主要有：

（1）食品被污染会腐败变质，使食品失去营养价值。

（2）食品会变味、变形、变色，影响食品的感官。

（3）食品被细菌及其毒素或化学有毒物质污染，食入后可引起各种感染或急性中毒。

（4）长期摄入被有毒化学物质污染的食物还可引起慢性中毒，会对健康造成严重危害，有些食品的污染物还有致畸、致癌作用，如黄曲霉毒素、亚硝酸盐等。一次大量摄入受污染的食品，可引起急性中毒，即食物中毒，如细菌性食物中毒、农药食物中毒和霉菌毒素中毒等。长期（一般指半年到一年以上）少量摄入含污染物的食品，可引起慢性中毒。例如，摄入残留有机汞农药的粮食数月后，会出现周身乏力、尿汞含量增高等症状；长期摄入微量黄曲霉毒素污染的粮食，能引起肝细胞变性、坏死、脂肪浸润和胆管上皮细胞增生，甚至发生癌变。慢性中毒还可表现为生长迟缓、不孕、流产、死胎等生育功能障碍，有的还可通过母体使胎儿发生畸形。已知与食品有关的致畸物质有醋酸苯汞、甲基汞、2，4-涕、2，4，5-涕中的杂质四氯二苯二噁英、狄氏剂、艾氏剂、DDT 等。

某些食品污染物还具有致突变作用。突变如发生在生殖细胞，可使正常妊娠发生障碍，甚至不能受孕、胎儿畸形或早死。突变如发生在体细胞，可使在正常情况下不再增殖的细胞发生不正常增殖而构成癌变的基础。与食品有关的致突变物有苯并［a］芘、黄曲霉毒素、DDT、狄氏剂和烷基汞化合物等。

有些食品污染物可诱发癌症。与食品有关的致癌物有多环芳烃化合物、芳香胺类、氯烃类、亚硝胺化合物、无机盐类（某些砷化合物等）、黄曲霉毒素 B1 和生物烷化剂（如高度氧化油脂中的环氧化物）等。

7.5.4 居室食品安全

1. 预防食品腐败变质

预防食品腐败变质，搞好食品加工、储藏过程中的卫生是非常重要的。食品加工过程中要避免食品被细菌污染，如防止头发掉入食品，不对着食品打喷嚏，加工食品前要洗手，保持加工食品的环境清洁，器具应消毒。食品烹饪时要烧熟，低温保存时要在10℃以下。食品在储藏过程中要注意防霉菌污染，简单的办法是通风和做好防鼠、防虫工作。

2. 防止食品容器对食品造成的污染

食品容器本身可能带来污染，但是很多行为会使污染程度加重。以下为正确使用食品容器的方法。

（1）用塑料饭盒加热饭菜避免高温

在用微波炉加热时，油温最高可达到将近200℃，而且油量越大，温度升高得越快。此时塑料里一些有害的低分子化合物就会熔化并渗入食用油里。

饭盒材质有 PP 和 PP＋PS 之分，PP 是指聚丙烯，具有极好的机械性能和热性能，应用于各种性能层合材料和包装材料方面。而 PS 俗称硬胶，普通硬胶，刚硬而脆，敲打时发出金属般的"叮当"的声音，响声清脆，俗称"响胶"。这种材料都可应用于包装，而且无毒无味，使用起来也很安全，PP 材质的饭盒比较软，而加入 PS 的饭盒稍硬，其他方面没什么区别。这些材料在微波炉里加热是安全的，不会释放有毒物质。需要注意的是，一般饭盒都有标注是否适合微波炉使用，有些饭盒的盖子材质不是 PP，因此不能放在微波炉里加热，热饭时，最好不要带盖子。加热时间不要过长，以免油温过高，有害物质析出。

（2）尽量不使用发泡餐盒

餐馆里打包用的一次性饭盒也有不同的标志。标志为 6 的白色不透明发泡餐盒会在高温下熔化，因此是国家早已明令禁止使用的。而标志同样是 6 的按上去"咔嚓咔嚓"作响的餐盒，一般是用来包装糕点的，同样不能用于打包热的菜肴。只有标识为 5 的一次性餐盒用起来相对安全，但是在放进微波炉加热时仍然要小心。一些可用于微波炉加热的餐盒，盒体的标识为 5，但盒盖的标识为 6，因此不能与盒体一并放入微波炉。

（3）饮料瓶最好是在常温下一次性使用

各种饮料瓶的标识为 1，带有这个标识的塑料制品最好是在常温下一次性使用。这种饮料瓶只能耐热70℃，不能盛放开水。同样是矿泉水瓶，大包装的矿泉水瓶的标识为 2，目前超市和商场中使用的塑料购物袋大多也是用这种材质制成的，这种材质要比标识为 1 的塑料制品更耐高温一些。

（4）不要用微波炉加热覆盖保鲜膜的食品

食品包装应选择标识为 4 的 PE 保鲜膜，但不要用微波炉加热覆盖着保鲜膜的食品。

（5）避免长时间用塑料制品存放含油脂的食物

最好不要长期用塑料制品存放含油脂的食物。如果要用塑料制品盛放食物，最好选择无色塑料制品。冰箱里的冷藏、冷冻食品也应该用保鲜膜或保鲜袋，不要用普通的塑料袋代替。

（6）识别有毒的塑料袋

从 2008 年开始，凡食品用塑料袋必须标注"食品用"字样，并且必须有国家质检总局统一颁发的食品安全许可标志 QS 及编号。

7.6 其他生活用品污染

7.6.1 空气清新剂

如今，空气清新剂已经是很多家庭的必备，很多公共场合都会常用到空气清新剂，而且还有很多人都习惯把它作为消除家里异味或者清新空气的主要帮手，尤其是在很多家庭的卫生间里，空气清新剂、芳香剂等更是成"常住居民"。但在空气清新剂的使用上，可能很多人都有个错觉，觉得只要一用空气清新剂，家里的空气就干净了。其实不然，这些带有"香味"的产品，只会在气味上给人一种清新的感觉，而实际上并没有起到净化空气的作用。室内使用空气清新剂后，空气中有害物质含量不会减少，反而还有可能上升。空气清新剂的主要物质为：除味剂、除臭剂、清新剂、清香剂。空气清新剂是通过散发香气来盖住异味的，而不是与空气中导致异味的气体发生反应，也就是说，空气清新剂并没有清除空气中的有害气体，它只是靠混淆人的嗅觉来"淡化"异味。

空气清新剂污染环境，对人体健康产生影响。空气清新剂，释放到空气中，本身就是一种污染物质，而且自身分解后，又产生危害物质，况且有的空气清新剂中还有一些杂质，也是污染环境的物质。2012年9月，中国科学院的专家通过对市面上常见的空气清新剂进行检测发现，绝大部分空气清新剂超过40%的成分是萜类化合物，而这些化合物会与空气中的臭氧反应，生成甲醛和粒径小于$0.1\mu m$的超细微粒（PM0.1）。专家提醒，秋冬季空气中臭氧含量较高，使用空气清新剂二次污染将更严重。

空气清新剂中含有的成分都是有机物，大多会引起过敏，对呼吸道也会产生一些强烈刺激，尤其是对于一些容易过敏的或者是过敏体质的人更是如此。

空气清新剂中含有的芳香类物质，可以刺激人的神经系统，影响儿童的生长发育等。欧盟消费者协会通过调查发现，空气清新剂甚至可以诱发癌症等疾病。

7.6.2 蚊香

蚊香至今仍是使用最广的驱蚊手段。蚊香作为一种驱蚊物，其中的药物被点燃后所发出的烟可赶走蚊子或熏死蚊子。然而蚊香燃烧的烟里含有4类对人体有害的物质，即超细微粒（直径小于$2.5\mu m$的颗粒物质）、多环芳香烃（PAHs）、羰基化合物（如甲醛和乙醛）和苯。同时，除了这4类明显的有害物质外，蚊香中还有大量的有机填料、粘合剂、染料和其他添加剂。

1. 蚊香的品种及特点

蚊香品种包括盘式蚊香、片型电蚊香、液体电蚊香等。

（1）盘式蚊香

优点：①蚊香的杀虫剂配方可以随意调整，蚊虫不易适应，驱杀蚊虫效果好；②杀虫剂均匀分布在蚊香条上，采用逐步加热，杀虫剂挥散均匀，驱杀蚊虫效力稳定，KT50值始终如一；③无需电源；④价格较便宜。

缺点：①无法保证固定的使用时间；②木质蚊香烟雾中有危害健康的成分，烟雾污染空间环境，污染物品；③明火点燃，潜在发生火灾的危险；④点燃时，蚊香条内部的杀虫剂来不及挥散（特别是传统工艺生产的盘式蚊香），约有 30% ~ 40% 的杀虫剂受热分解，失去驱杀蚊虫的作用；⑤需大量的设备投资，兴建宽大的厂房及使用大量的劳动力；⑥消耗大量宝贵的木材资源。

（2）电热片蚊香

优点：①无烟、无异味、无灰、无污染；②使用 PTC 加热源，安全、卫生；③产品便于运输。

缺点：①驱杀蚊虫效果不稳定，前面 4h 较好，4h 后，驱杀蚊虫效力逐步下降；②杀虫剂配方不能随意调整，单一杀虫剂配方，蚊虫易适应；③纸片长期处于固定式加热，杀虫剂的分解率高；④使用后的纸基仍有 20% ~ 30% 杀虫剂残余，造成浪费也污染环境；⑤耗电 5W/h。

（3）电热液体蚊香

优点：①无烟、无异味、无灰、无污染；②使用 PTC 加热源安全；③使用时间灵活，用时送电、不用时断电，使用十分方便。一瓶药剂约可连续使用 300h（受 PCT 温度影响）；④无须机械设备亦可生产。

缺点：①由于药剂中各成分的沸点、蒸汽压不一致，加热时不能同步蒸发，造成芯棒堵塞，因此，药剂蒸发量随着使用时间增加而逐步下降，驱杀蚊虫的效力也随之下降；②药剂配方不能随意调整，单一配方蚊虫易于适应；③使用过程中，杀虫剂分解率约为 30% ~ 35%，使用后，在芯棒上有 5% ~ 10% 的杀虫残余，造成浪费，也污染环境；④耗电量为 5W/h；⑤溶剂为脱臭煤油，药瓶难以密封，易漏，煤油属危险品，不便运输。

蚊香的成分有：有机磷类（敌百虫/毒死蜱/害虫敌）、氨基甲酸酯类（残杀威/混灭威）、菊酯类（氯氰菊酯/丙炔菊酯/丙烯菊酯/ES 生物菊酯），其中有机磷类毒性最大，菊酯类毒性最弱。盘香的载体是木屑等，而电蚊香的载体则是碳氢化合物。盘香污染大，产生烟熏，适合在室外、阳台等处使用。片型电蚊香和液体电蚊香污染较小，适合在室内使用。

2. 蚊香的危害

大多数蚊香的有效成分是除虫菊脂杀虫剂，以及有机填料、粘合剂、染料和其他添加剂等，蚊香燃烧的烟里因此含有许多对人体有害的物质，有可能诱发哮喘等疾病。

据测算，点一卷蚊香放出的微粒和烧 100 根左右香烟的量大致相同，释放出的超细微粒，可以进到并留存在肺里，短期内可能引发哮喘，长期则可能引发癌症。其次是蚊香基底材料不完全燃烧产生的致癌物质，以及一些会刺激上呼吸道的化合物，这些物质会使人的神经系统中毒。

本章参考文献

[1] 郝凤桐. 你了解化妆品中重金属及其危害吗［N］. 光明日报，2013 年 006 版.

[2] 王本进. 警惕化妆品美丽背后的伤害［J］. 首都医药，2005，11.

[3] 卢庆峰. 化妆品中的危险物质［J］. 中国检验检疫，2009，3.

[4] 张文. 金属饰品的利与弊［J］. 医学美学美容，1998，6.

[5] 吴正芝. 家用金属器皿使用不当会中毒［J］. 社区，2009，9.

［6］ 李晓霞. 使用蚊香六注意［J］. 新农村, 2002, 7.

［7］ 敏涛. 化纤服装对健康有影响［J］. 服务科技, 1995, 8.

［8］ 董金狮. 如何读懂塑料制品标识和数字［N］. 健康报, 2010 年第 004 版.

［9］ 孔令锟. 食品中的天然毒素及不安全因素［J］. 黑龙江科技信息, 2013, 15.

［10］ 邓雷, 熊婷婷. 浅谈如何培养良好健康的生活习惯［J］. 江苏经贸职业技术学院学报, 2004, 4.

［11］ 张国玺. 4 大中国传统养生法之饮食生法［J］. 家庭医药, 2004, 2.

［12］ 崔宝秋. 环境与健康［M］. 北京：化学工业出版社, 2012.

［13］ ［美］比阿特丽斯·特鲁姆·亨特. 食品与健康［M］. 传神著. 北京：中国环境科学出版社, 2011.

第8章 建立健康的居室环境

通过前几章的分析不难发现，造成室内空气污染的原因有多种：既有物理因素，如电磁波、放射线、高温、光、噪声及振动等；又有化学因素，如金属与非金属元素及其化合物、有机物污染（甲醛、苯）、农药等；还有一些生物因素，如细菌、病毒、真菌、寄生虫等。这些物质对人体都具有毒副作用，都在不同程度上危害着人体健康。可见建立健康的居室环境，可以说是势在必行，刻不容缓。

建筑专家们提出健康的居住环境的内涵为："以人为本"，关注居住生活行为规律；回归自然、亲和自然、"人与自然和谐共存"，充分利用阳光、空气和水；制止对赖以生存的居住环境的破坏，防止空调病（包括军团菌病）、装修病、呼吸系统疾病的发生；增进人际关系，创造高尚的居住文化氛围，营造健康乐园，阻止"城市病"的蔓延。绿色建筑倡导的是"节能、节水、节地、节材和环境保护"。因此，健康的居住环境还应该包括对污染进行及时治理的后环境状态。

8.1 健康居室

健康居室的定义是借鉴世界卫生组织关于对人的健康的定义而界定的，健康居室是满足生理、心理、社会等三方面健康的整体家居环境。换句话说，健康居室的室内和室外环境应以人为本、为人服务，既符合可持续发展理念，满足人们物质和精神生活需要，又具有良好人文氛围的居住条件。

8.1.1 健康居室的内部环境标准

按照世界卫生组织对健康居室的描述，健康居室应该有足够的空间环境；应保证每人都有足够的新鲜空气和足够的活动空间；良好的视觉环境，室内的色彩要与主人的职业协调；室内的视野开阔；室内空气的温度、湿度和洁净度应达到舒适宜人的程度：室内温度为 $22\sim25℃$，相对湿度为 50% 的环境中人们感觉舒适；有害物质的浓度足够低；室内噪声小；室内日照要确保在 3h 以上。

8.1.2 健康居室的外部环境标准

居室的外部环境应是景色优美、绿树成荫、空气清新、安静并安全、健康、舒适、人际关系和谐等。

居住小区应具有健身、休闲、娱乐场所和相关的设施。

8.2 营造健康居室

室内环境的改善，不是一蹴而就的，它不仅与居住大环境有关，而且与人们的生活条件、方式和习惯都有关。要做多方面努力才能达到。世界卫生组织规定"健康住宅"项目很多，那么如何营造健康居室呢？

8.2.1 健康居室的设计与建造

（1）居住小区的选址：应有良好的地质条件，避开地震断裂活动区，地势宜平坦，最好不在斜坡上下（避免滑坡），远离化工厂和重工业区。建筑施工前应有环境影响评价，施工时应有健康的环境安全监理，施工后应进行室内空气质量检测。

（2）室内装饰装修和室内环境设计应力求自然、简单、明快，充分利用新技术、新材料、新工艺、新产品，做到安全、无毒无害和可持续利用，并有节能、节水技术和措施。居室或楼区应推广污水处理和再利用技术，小区垃圾实行分类收集和无公害处理，以保证良好的卫生环境。

（3）建筑和装饰装修部门应建立环保建材、装饰材料的数据库并随时掌握更新的环保新技术和新产品动态，不断提高居住环境的质量。

（4）城市建筑和规划部门应保障小区应有的绿化面积、相应的文化娱乐和休闲场所，并能保证每户居室都有充足的阳光。

（5）通风空调及净化系统设置合理。

（6）购置的家具和电器设备应具有环保性、实用性、节能性，而且不宜过多，避免减少室内的活动空间。

8.2.2 生活中健康居室的营造

健康的家居环境还需要每个人都有良好的生活习惯，不在室内吸烟，少用和慎用空气清新剂、杀虫剂和各类化学品，选用合适的化妆品，并注意室内经常通风换气。通过自然通风或机械通风方式来营造健康居室的相关内容见本书第 5.2 节。

1. 家用电器的合理使用

消毒柜工作时普遍采用紫外线和臭氧消毒。使用臭氧消毒柜时，在其工作期间绝对不能打开柜门，以免发生臭氧泄露。工作完成后，最好 20min 以后再打开柜门。

音响产生的噪声可以达到 80dB，能直接损伤听力。音响的总音量控制在最大音量的 1/4~1/3。另外，每次听完音乐，把音量关至最小再关掉音响，避免下次开机的时候音量突然很大。

冰箱运作时，后侧方或下方的散热管线释放的磁场高出前方几十甚至几百倍。此外，冰箱的散热管灰尘太多也会对电磁辐射有影响，灰尘越多电磁辐射就越大，如果冰箱与电视共用一个插座，冰箱在运转时，电磁波会导致电视的图像不稳定，这说明冰箱的电磁波是非常大的。因此，冰箱要放在厨房等不经常逗留的场所；尽量避免在冰箱工作时，靠近它或者存放食物；经常用吸尘器把散热管的灰尘吸掉。

电视荧光屏辐射较大。平时看电视要俯视或者平视，不要关灯看电视。看电视的距离要适中，以荧光屏的对角线为标准，不超过 7 倍就可以，4～5 倍距离最好。每次看电视不要超过 2h。

正确摆放电脑，尽量让屏幕的背面不朝着有人的地方，因为电脑辐射最强的是背面，其次为左右两侧，屏幕的正面反而辐射最弱。可在电脑的周边多放几瓶水，因为水是吸收电磁波的最好介质。不过，必须是塑料瓶和玻璃瓶的才行，绝对不能用金属杯盛水。当电器暂停使用时，最好不让它们长时间处于待机状态，因为此时可产生较微弱的电磁场，长时间也会产生辐射积累。

电脑和电视荧光屏表面存在着大量静电，其聚集的灰尘可转射到脸部和手部等皮肤裸露处，时间久了，易发生斑疹、色素沉着，严重者甚至会引起皮肤病变等，因此在使用后应及时洗脸洗手。

不要把家用电器摆放得过于集中或经常一起使用，特别是电视、电脑、电冰箱不宜集中摆放在一个房间，防止辐射突然加强，更不要放在卧室里，以免长期暴露在超剂量辐射中。经常暴露在电磁辐射下的人群应多吃些胡萝卜、白菜、豆芽、豆腐、红枣以及牛奶、鸡蛋、动物肝脏、瘦肉等食物，以补充人体内维生素 A 和蛋白质。还可多饮茶水，茶叶中的茶多酚等活性物质有利于吸收与抵抗放射性物质。

另外，手机接通瞬间释放的电磁辐射最大，最好在手机响过一两秒或电话两次铃声间歇中接听电话。充电时则不要接听电话。佩带心脏起搏器的患者以及抵抗力较弱的孕妇、儿童、老人等，应配备阻挡电磁辐射的屏蔽防护服。

2. 空调供暖的适度使用

现代化建筑普遍应用空调，现代建筑对人工环境过分依赖，但是空调对于室内空气质量来说是一把"双刃剑"，它可以排除或稀释各种空气污染物，但同时也会产生、诱导和加重空气污染物的形成和发展。

空调环境对人体健康有很大的影响，主要体现在：体温调节系统、心血管系统、空调适应不全症、抵抗力下降、女性内分泌调节障碍。

空调带来空气污染的原因大致可以分为以下几种：①新鲜空气量不足；②新风采集口受到污染；③过滤器失效；④气流组织不合理；⑤冷却水污染致空气污染；⑥空调通风系统本身的污染。

我们不仅要清凉的世界也要健康的身体，应该正确合理地使用空调。在使用空调时应当注意：①经常开窗换气，以确保室内外空气的对流交换；②室温宜设定在 24～28℃，室内外温差不可超过 7℃；③空调系统或空调器应定期进行清洁和消毒，使用空调器的房间应保持清洁卫生，减少致病污染源；④室内空气流速应维持在 0.2m/s 左右，切不可冷风直吹；⑤长时间坐在办公室内，应适当增添穿、脱方便的衣服，还要注意间歇站起来休息、活动，以增进末梢血液循环；⑥夜间睡眠最好不要用空调，入睡时关闭空调更为安全，睡前在户外活动，有利于促进血液循环，预防空调病；⑦应经常保持皮肤的清洁卫生，这是由于经常出入空调环境，冷热突变，皮肤附着的细菌容易在汗腺或皮脂腺内阻塞，引起感染化脓，故应常常洗澡，以保持皮肤清洁。

3. 保持室内空气清新

在日常生活中，人们都希望自己的居室空气清新，可是由于一些原因，室内总会出现一些异味。若不消除，既影响居室空气，又影响人体健康，使人抵抗力降低，更易感染流行病。下面介绍一些常见的室内消除异味的方法。

新装修的房子或者新家具经常会散发油漆味，在室内放两盆冷盐水，1～2天漆味便除，也可将洋葱浸泡盆中，效果很好。

每年的梅雨季节，屋内都很潮湿，居室内的衣箱、壁橱、抽屉常常会散发霉味，在衣箱、壁橱、抽屉里面放一块肥皂，霉味即除，也可将晒干的茶叶渣装入纱布袋，分别放在各个有霉味的空间里，不仅能去除霉味，还能散发出清香气。

家中种植的盆栽花卉，过一段时间要施肥，以保证营养供给。施肥后，两三天内房间里都会有一股化肥酵解后产生的臭味。如果把橘皮剪碎撒在上面，既能增加土壤的养料，又可除臭。

冰箱用久了会产生异味，可用新鲜橘子皮，洗净后放入冰箱内，或将50g小苏打装入两个敞口瓶内放入冰箱上下两格，均有良好的除臭效果。

将吃剩下的柠檬或橙子皮及其他香味浓郁的果皮，放在一个小盒中，置于厨房内，或在锅里放些食醋加热蒸发，可清除厨房内产生的异味。

家中卫生间虽然常冲洗，可还是有臭味，可将一盒清凉油或风油精开盖后放于卫生间角落处，既可除臭又可驱蚊。也可放置一小杯香醋，恶臭也会自然消失。

居室空气污浊，可在灯泡上滴几滴香水或花露水、风油精，遇热后会散发出阵阵清香，沁人心脾。但是这种除臭方式没有从根本上解决空气污浊的问题，而是以掩盖的方式，遮住异味而已。要想达到室内空气清新，还要加强通风换气。

8.3 居室绿化

随着我国经济的迅猛发展，各地旧城改造速度加快，人们居住水平也在不断提高。宽敞舒适、明亮宁静的居住条件，使居民对室内外环境的要求也越来越高。城市把森林、瀑布、喷泉、山石、草地引进市内，家庭把花木、盆景搬进室内，既是当今的时尚，也反映出人们向往回归大自然的愿望。

当然，这些花木除了可以作为景观供人们欣赏外，还有改善室内环境的作用。研究资料表明，居室绿化的作用有：净化空气、减少尘埃、吸声吸热、消除细菌、调节神经、美化环境、防止污染。

8.3.1 绿化改善室内环境

1. 绿色植物改善室内小气候

绿色植物能放出大量氧气、吸收空气中的有毒物质、吸尘杀菌、净化居室环境。花卉叶片具有较大的表面积，有些植物还长有很多绒毛、纤毛，或能分泌一些黏液，可以吸附室内空气中的可吸入颗粒，起到净化空气的作用。美国科学家威廉·沃维尔经过多年测试，发现各种绿色植物都能有效地吸收空气中的化学物质并将它们转化为自己的养料：在24h照明的条件下，芦荟消灭了$1m^3$空气中所含的90%的甲醛，常青藤消灭了90%的苯，龙舌兰可吞食70%的苯、50%的甲醛和24%的三氯乙烯，吊兰能吞食96%的一氧化碳、86%的甲醛。

2. 绿色植物能吸收有害气体

绿色植物能够吸收的有害气体主要指的是一氧化碳、二氧化硫、氯气、氟化物、氨气、臭氧等多种化学气体。家庭常见的盆栽植物中的龟背竹、月季、虎尾兰、蔷薇等均能吸收大量室内有害气体；茶花、仙客来、石竹、紫罗兰、丁香、玫瑰、紫薇等吸收二氧化硫能力较强；女贞、万寿菊、大叶黄杨、矮牵牛花等有吸收氟化物能力；苏铁、菊花、常春藤能吸收苯；紫荆、合欢等抗氯能力强；万年青、菊花可吸收三氯乙烯；芦荟、鸭跖草、秋海棠、吊兰、虎尾兰等能吸收甲醛；连翘、香樟有吸臭氧能力；桂花、玉兰、腊梅能吸收汞蒸气，减少空气中汞的含量；吊兰能日夜吸收过氧化物和一氧化碳，是居室净化空气的"能手"；令箭荷花、米兰、仙人球、兰花等能吸收二氧化碳；仙人掌等多肉植物能减少家用电器的电磁辐射。

3. 绿色植物能杀死有害病菌

居室养花有益健康。健康花香是由挥发性化合物组成的，其中含有芳香族物质，酯类、醇类、醛类、酮类和烯类物质。这些物质能刺激人的呼吸中枢，从而能刺激人加快吸氧和排出二氧化碳的速率，使大脑得到充足的氧。花香还能促进细胞发育，增强智力，对神经和心血管有很好的保护作用。据介绍，国外建立的香花医院就是通过人的视觉和嗅觉来调节中枢神经状态、改善大脑功能，达到治疗神经系统方面疾病的目的。现代医学发现，不同的花卉芳香对不同的疾病具有不同的治疗作用。花的香气对治疗高血压、气喘、心血管疾病、肝硬化、失眠、神经衰弱等症均有疗效。如茉莉、紫薇的香气能杀死病疾杆菌和白喉杆菌；柠檬、天雪葵含有挥发性油类，具有很强的杀菌功能；茉莉、米兰、薄荷、月季等散发的香气具有杀菌和净化空气、降低呼吸道疾病发病率的作用；夜来香可清除不良气体，并且有驱蚊作用等。

4. 绿色植物调节室内温湿度

绿色植物根据环境的温湿度状况，进行生理性活动，可以调节室内温度和湿度。利用绿色植物获得舒适的温湿度，远比用电器更有效、更环保。

8.3.2　少数花木对居室环境的不良影响

在众多盆栽花木中，只有少数会污染居室环境或对人体有伤害，并不是所有养殖花卉的居室主人都非常了解各种花卉的品性和潜在的危害。有些花草虽形态优美、色彩悦目、气味芬芳、观赏价值高，但它们也被列为不宜进屋的花木，其对居室环境的危害作用主要是指它们排出二氧化碳、花粉和挥发出的异味以及有毒汁液和易脱落的毛刺等。一般而言，量少不危害，过量则危害；不接触不危害，接触才危害。有的花草流出的毒液，若误食或误入眼内危害更严重。

居室花草对环境污染进而作用于人体时，因年龄、精神状态、抵抗力、敏感性等方面的差别而反应不一样，有人无不良反应，有人反应敏感。室内花多、味浓，有人会感到空气中缺氧，胸闷、憋气、呼吸困难；花粉和香味的刺激能诱发哮喘、咽炎、过敏性鼻炎、咳嗽等；花草挥发的异味、怪味使人烦躁、头晕、恶心、头痛；触碰植株可能引发皮肤局部红肿、疼痛、发热、瘙痒，重者皮肤脱屑；花草的毒液被接触或误食，轻者中毒，重者休克甚至威胁生命。

值得一提的是，还有极少数花木含有促癌物质，这些植物分属大戟科等十几个科。据有关资料介绍，我国病毒专家研究发现，含有促癌物质的植物已超过 50 种。这些植物除虎刺梅（铁海棠）等少数用来居室摆放的以外，其他平时很少见，又多为阳性植物，不易在室内正常生长发育，大多数不适用于居室装饰。截至目前，尚未见到因养花木而致癌的病例报道，也无实验证明，居室养花者大可不必为此担心。

另一个居室环境的污染源是盆栽土壤污染，防治病虫害的各种农药污染和自制肥料的污染。盆栽土壤要用配制好的培养土，不可随意挖取被污染的土、有病虫的土和河边淤泥；提倡无土栽培；居室盆栽数量很少，发现虫害最好不要乱用农药喷杀，人工捕捉简便易行；肥料应选购原味的复合颗粒肥或植物营养液，自制浸泡的腥肥、豆肥，其味恶臭且会污染室内空气，切不可用于居室花木。

8.3.3　少数花草可能构成危害

1. 异味花草

松柏类、玉丁香等类植物都不宜长久在老人居室摆放。松柏类植物分泌的脂类物质会释放出较浓的松香油味，闻久了会引起头晕、恶心、食欲减退，影响健康，而玉丁香散发出的较浓异味，会引起胸闷气短、心慌烦闷。

2. 耗氧花草

多数花草在夜间吸进氧气，呼出二氧化碳，或在白天吸进氧气，呼出二氧化碳。而有些花草却不停地处在耗氧状态。如丁香、夜来香等花草，即使在进行光合作用时也大量消耗氧气，而在夜间停止光合作用时又大量排出废气，不但不能净化空气，还会使空气更加污浊。

3. 致敏花草

有些花草通过接触或气味会使人产生皮肤过敏反应，严重的奇痒难忍或出现红疹，如五色梅、洋绣球、天竺葵等类花草。

8.3.4　居室养花木的注意事项

花草树木对居室环境污染或直接对人危害的大致可分误食和接触危害、嗅闻危害两大类。

第一类：不可误食和接触的植物。这类花草的茎、叶、花、果、刺含有毒汁液，人们少量误食和接触一般反应不大或无反应，一旦大量误食上述含有毒汁液的花草，要及时到医院就诊。儿童抵抗力低，要谨防此类花草对儿童的伤害，应放在儿童不能触及的地方。此类花草不宜放置在室内。

第二类：不可长时间嗅闻的植物。它们挥发的异味、怪味以及散发的花粉对居室环境和人呼吸系统造成危害，此类花草不宜久放在居室内，更不宜放在卧室内，可在不封闭的阳台和庭院养植作观赏用。

居室花草不可繁杂，每个房间布置 2～3 盆较适宜。有条件的家庭阳台或庭院盆花可根据不同季节、生物学特性、花果期和叶色变化与室内花草轮换。根据各房厅的光照条件合理摆放。阳性、半阳性品种放在靠窗阳光充足的地方；阴性、半阴性品种可放在光线较弱的地方。盆花浇水要见干见湿，一次性浇足浇透，防止盆土长期潮湿，造成花木烂根死亡。居室花木摆放时间过长，叶面滞尘，影响观赏，应及时喷水清洗干净。

现代居室绿化植物选择的原则：①选择植物应根据自己的爱好和时间来，不能一味追求植物的叶面形状、开花情况，而选择一些不适合在居室种植的植物；②以耐阴植物为主；③公务繁忙者可选择生命力较强的植物；④注意避开有害品种；⑤比例适度；⑥植物色彩与室内环境相和谐；⑦不宜与花色墙纸的房间配置在一起；⑧兼顾植物的性格特征。

对于不同功能的房间，在选择居室绿化植物时，也需要一定的考虑。

对于客厅，装饰要以美观、大方、简洁为主，应体现出绿色的动感。现有的住宅套房，一般客厅面积较大，宜摆饰挺拔舒展、风姿绰约、气势大方、造型生动且高大一些的花卉植物，如南洋杉、巴西木、橡皮树、龟背竹、绿巨人、发财树等，以及造型美观的竹类、松类盆景等。如再配以较大的水族箱，这样动静兼有，和谐统一，会富有较强的浓重情趣和诗情画意。

卧室配置的花草应与空间大小相适宜。简言之，宜配置株型和叶片都较小的花草，使室内不显得臃肿。因此，卧室内宜饰植金桔、桂花、瑞香、茉莉、满天星、仙客来、袖珍石榴等中小型植株的花草和盆景。

书房是文雅、静谧和有序的地方。因此，要以文静、秀美、雅致的植物来渲染文化气息。如棕竹、芦荟、文竹、绿萝、常青藤等均有卓尔不群的姿态；饰置这一类植物或盆景，会给文静的书房增添一份幽雅感，并能缓和视力疲劳和脑神经的紧张。

餐厅宜置有利于愉悦心情，增进食欲，并以清洁、甜蜜为主题的植物，如棕榈类、变叶木、巴西铁树、梨类、马拉巴栗或色彩缤纷的大中型盆栽花卉和盆景。

阳台如果装饰较好，也可以为您的居室增辉，而成为家人共同喜爱的地方。一般来说，南向阳台宜选置白兰、茉莉、月季、石榴等多种喜光耐热的花卉；北向阳台则宜选万年青、文竹、天门冬、玉簪等耐阴花卉；西向阳台则宜置牵牛花、常春藤、葡萄等攀缘性花卉，用以遮挡西晒的烈日、隔热降温；东向阳台一般只能在上午时接受几个小时的光照，因此，应摆植竹类、蕨类、山茶、杜鹃等花卉。

阳台庭院绿化，栽树种花，不仅有很高的观赏价值，而且有调节小气候的作用，会使空气清新、凉爽宜人。因为绿色植物既能遮阳，又通过叶面蒸发水分达到降温作用。有资料表明，在庭院阳台栽种葡萄、牵牛花、爬墙虎及一些花草，可使附着墙面降温 5~14℃，使室内降温 2~4℃。

本章参考文献

[1] 张格祥. 健康环境健康家庭 [M]. 成都：四川大学出版社，2010.

[2] 石碧清，赵育，闫振华. 环境污染与人体健康 [M]. 北京：中国环境科学出版社，2007.

[3] 孙孝凡. 家居环境与人体健康 [M]. 北京：金盾出版社，2009.

[4] 李和平，郑泽根. 居室环境与健康 [M]. 重庆：重庆大学出版社，2001.

[5] 侯亚娟，席晓曦. 居家环境与健康 [M]. 北京：中国医药科技出版社，2013.

[6] 中国房地产研究会人居环境委员会. 中国人居环境发展报告 [M]. 北京：中国建筑工业出版社，2012.

[7] 陈冠英. 居室环境与人体健康（第二版）[M]. 北京：化学工业出版社，2011.

[8] 杨周生. 环境与人体健康 [M]. 合肥：安徽师范大学出版社，2011.

[9] 刘征涛. 环境安全与健康 [M]. 北京：化学工业出版社，2005.

［10］刘新会，牛军峰，史江红等．环境与健康［M］．北京：北京师范大学出版社，2009.

［11］姚运先．室内环境污染控制［M］．北京：中国环境科学出版社，2007.

［12］宋广生，吴吉祥．室内环境生物污染防控 100 招［M］．北京：机械工业出版社，2010.

［13］王清勤．建筑室内生物污染控制与改善［M］．北京：中国建筑工业出版社，2011.

［14］刘开军，乔远望，顾兴城．居室环境卫生指南［M］．北京：军事医学科学出版社，2007.

［15］贾振邦．环境与健康［M］．北京：北京大学出版社，2008.

第9章　居室环境安全

在《汉语大词典》中，对安全一词的解释是：平安、无危险；保护、保全。而在《韦伯国际词典》中，安全（security）则表示一种没有危险、没有恐惧、没有不确定的状态，免于担忧；同时还表示进行防卫和保护的各种措施。

在建筑中，涉及安全的因素很多，本章主要针对建筑火灾和流行病两方面问题，对居室环境安全做一些简单的介绍。

9.1　居室环境安全

9.1.1　建筑火灾

建筑火灾是一种发生频率很高的突发性灾难，往往对人的生命及财产造成严重的威胁。建筑火灾可导致巨大的经济损失和大量的人员伤亡，产生无法弥补的后果。居室中的各种装修装饰材料、家具、日常生活用品和衣物等大多属于易燃物，遇火容易燃烧，并释放出大量热量，产生大量有毒气体和烟气，危及居室内人员的生命财产安全。据统计，近几年全球每年发生火灾600万~700万起，大约有6万~7万人在火灾中丧命，中国每年约有2100人在火灾中丧生，财产损失数十亿元。2011年11月15日上海发生特大火灾，造成58人死亡、70余人受伤、56人失踪的悲剧，可见营造安全的建筑居室环境是十分重要的。

建筑物一旦发生火灾，就有大量的烟气产生，这是造成居室内人员伤亡的主要原因。为避免火灾的迅速扩散，需要在建筑内部设置消防联动系统，以达到限制火灾蔓延的范围，及时发现和扑救火灾，为有效地扑救火灾和人员疏散创造必要的条件，减少火灾所造成的人员伤亡和财产损失。为避免烟气蔓延，这就需要一个防排烟系统来控制火灾发生时烟气的流动，及时将其排出，在建筑物内创造无烟垂直疏散通道和无烟水平疏散通道，以确保人员安全疏散，并为消防扑救员创造条件。这些系统从设计到施工，再到运行管理，将由相关专业的人员实施。作为生活在各种居室里的其他非专业人员，也有必要对这些系统做一些简单的了解。

9.1.2　流行病

流行病是指能在较短的时间内感染众多人口、广泛蔓延的传染病，如流行性感冒、脑膜炎、霍乱等。流行病的流行范围，可以只是某地区，可以是全球性的。

最新的常见流行病有猪流感、SARS、禽流感等。流行性感冒简称"流感"，是由流感病毒引起的一种很常见的传染病。流感的传播可以非常迅速，就如2003年的SARS，很快在全国较大范围内蔓延，给人们的生命安全造成了严重的威胁。

流行病一旦大面积爆发，所带来的人员伤亡和经济损失将是巨大的，因此在建筑中如何构建和隔离相关居室，将对流行病的控制产生直接的影响。

9.2 建筑消防

9.2.1 消防联动系统

随着社会和科学技术的不断发展，建筑规模越来越大，楼层越来越高，建筑的标准也越来越高。如今新建的各类大楼都具有功能多而复杂、人员密集、设备先进、装修装饰豪华等特点，一旦发生大型火灾，将难以扑灭。因此，必须早发现、早动作，以避免造成过大的生命及财产损失。火灾自动报警和自动灭火系统已经成为建筑（特别是高层建筑）安全不可或缺的重要组成部分。

消防报警系统就是一种及时发现和通报火情并采取措施控制以扑灭火灾的自动消防设施。消防联动系统是火灾自动报警系统中的一个重要组成部分。通常包括消防联动控制器、消防控制室显示装置、传输设备、消防电气控制装置、消防设备应急电源、消防电动装置、消防联动模块、消防栓按钮、消防应急广播设备、消防电话等设备和组件。《火灾自动报警系统设计规范》GB50116-2013 对消防联动控制的内容、功能和方式有明确的规定。

每个建筑的使用功能要求和性质都有所不同，其消防联动系统包括：火灾报警控制、自动灭火控制、室内消火栓控制、防烟、排烟及空调通风控制、常开防火门、防火卷帘门控制、电梯回降控制、火灾应急广播控制、火灾警报装置控制、火灾应急照明与疏散指示标志的控制等子系统。需要哪些子系统应根据建筑的实际使用要求来确定。

9.2.2 建筑消防设施及其保养

在发生建筑火灾时，居室是否安全取决于楼宇的消防联动系统是否能可靠的运行。而消防联动系统总是由各种设施综合形成的，消防设施的可靠与否，最终决定了居室在发生火灾时是否安全。

建筑消防设施主要分为两大类：一类属于灭火系统，另一类属于安全疏散系统。由建筑内的消防控制室来操作控制、维修保养，使建筑消防设施始终处于完好、可靠的状态，才能保证建筑及其居室的消防安全。

建筑消防设施指建（构）筑物内设置的火灾自动报警系统、自动喷水灭火系统、消火栓系统等用于防范和扑救建（构）筑物火灾的设备设施的总称。常用的有火灾自动报警系统、自动喷水灭火系统、消火栓系统、气体灭火系统、泡沫灭火系统、干粉灭火系统、防烟排烟系统、安全疏散系统等。它是保证建筑物消防安全和人员疏散安全的重要设施，是现代建筑的重要组成部分。

1. 自动报警系统

火灾早期报警至为重要。现代建筑安装了火灾自动报警系统。它是建筑物的"神经系统"，感受、接收着发生火灾的信号并及时发出警报。它是一个称职的"更夫"，给居住、工作在建筑中的人们以极大的安全感。

自动报警系统是现代建筑中最重要的消防设施之一，根据火灾报警器（探头）的不同，分为烟感、温感、光感、复合等多种形式，适应不同场所。火灾报警信号确定后，将自动或通知值班人员手动启动其他灭火设施和疏散设施，确保建筑和人员安全。

在自动报警系统的使用过程中，可能会出现以下一些问题，为了保证建筑居室安全，应对这些问题进行定期的检查和改造：超期服役、年检失当、系统功能存在不能联动的缺陷、消防电源存在问题、设施更新换代时与原设备其他系统无法联动、没建立完整的操作规程、值班人员不足、放弃使用自动报警系统等。

2. 自动喷洒系统

自动喷洒系统是我国当前最常用的自动灭火设施，在公众集聚场所的建筑中设置数量很大，自动喷洒灭火系统对在无人情况下初期火灾的扑救非常有效，极大地提升建筑物的安全性能。保证自动喷水灭火系统的完好有效，意义重大。

在自动喷洒系统的使用过程中，可能会出现以下一些问题，为了保证建筑居室安全，应对这些问题进行定期的检查和改造：消防水压力低、喷淋泵未接入消防配电线路、喷洒系统管道锈蚀渗水、未能坚持定期进行末端放水试验、喷头被遮挡、阀门锈蚀等。

3. 防火分区

公众集聚场所的检查是非常重要的，完好有效的防火分区设施将保证火灾发生时，火灾蔓延将得到有效的控制。过去在消防安全检查时，往往疏忽了对建筑防火分区设施的检查，教训很多。在检查时不但要注意横向分隔，还要注意纵向防火分隔的措施。

在防火分区的相关问题上，可能会出现以下一些问题，为了保证建筑居室安全，应对这些问题进行定期检查和改造：楼板上下之间的防火封堵；防火卷帘下堆放杂物或柜台，影响起降；防火门变形，防火窗破损，影响分隔功能；常开或常闭的防火门、防火卷帘长期未保持在设计位置；防火门组没有闭门顺序器或被损坏失效。

4. 室内消火栓系统

室内消火栓系统是最常见的建筑消防灭火设施，操作简单，灭火有效。但从对公众集聚场所的检查情况来看，情况并不乐观，存在着许多问题。室内消火栓系统的完好率很低，这样就不能在发生火灾时发挥作用，必须引起高度重视，在消防监督检查中要作为一个重要内容来检查，使室内消火栓系统充分发挥作用。

在室内消火栓系统的使用过程中，可能会出现以下一些问题，为了保证建筑居室安全，应对这些问题进行定期的检查和改造：高层建筑下层水压超过 0.4MPa，无减压装置；消火栓箱内的水枪、水带、接口、消防卷盘（水喉）等器材缺少、不全，水泵启动按钮失效；供水压力不足，不能满足水枪充实水柱的要求；消火栓箱内器材锈蚀、水带发霉、阀门锈蚀无法开启；水泵接合器故障、失效。

5. 防排烟系统

防烟分区防排烟系统的作用是，建筑物一旦发生火灾后，能及时将高温、有毒的烟气限制在一定的范围内并迅速排出室外。限制火灾蔓延，并为火场逃生通道提供新鲜空气，防止高温、有毒烟气入侵。保证火场逃生人员的安全，作用十分重要。对公众集聚场所建筑来说，尤其重要，所以要经常保养，定期检查，才能保证防烟分区和防排烟系统功能的完好有效。

为了保证建筑居室安全，针对防排烟系统，应注意以下问题：应设置隔烟设施的位置，未设置挡烟垂壁等设施；正压送风机和排烟风机不能定期检查、运转，完好率很低；防烟楼梯间内的送风口破坏；消防控制室对这几个系统的遥控启动和联动操作存在着不同步和不能联动的情况；自然排烟的场所内高处的排烟窗锈蚀不好用或操作不方便。

6. 气体灭火系统

气体灭火系统是比较高级的灭火系统，投资较大。一般都设置在需要局部空间保护的高级场所，公众集聚场所中也有涉及，比如博物馆、大型图书馆、国家级的古建筑等场所。

泡沫自动灭火系统一般配置在试验室和地铁、飞机库等特殊部位。

手提式灭火器和推车式灭火器是扑救建筑初期火灾最有效的灭火器材，使用方便，容易掌握。是公众集聚场所内配置的最常见的消防器材。它的类型有很多种，分别适用于不同类型的火灾。保证灭火器的有效、好用是扑救初期火灾的必备条件。

为了保证建筑居室安全，针对气体灭火系统，应注意以下问题：瓶内的灭火剂过期，或压力不足；无备用灭火剂钢瓶组；启动钢瓶压力不足；气体灭火系统与自动报警系统不能联动；泡沫系统除泡沫剂过期。

9.2.3 常用灭火剂及便携式灭火器

1. 灭火剂

有许多种材料可以用来抑制和扑灭火灾。选择合适种类的灭火剂非常重要，因为对不同类型的火灾不是所有的灭火剂都起到同样的作用。使用了错误的灭火剂实际上可能会使火灾更加严重，或扩大火灾的危险程度。

水是最常用、最普通的灭火剂。此外还有几种常用的灭火剂类型：水和水基溶剂；二氧化碳；卤化剂；干性化学物质；泡沫；用于可燃金属的灭火剂。

（1）水

水通过冷却、替换或切断氧气来源，乳化作用和稀释来达到灭火的目的。水通过吸收热量来冷却火。当水吸收足够的热量会变成蒸汽，蒸汽能替换燃烧需要的氧气的。轻于水且不溶于水的可燃液体火灾，不能用直流水扑救。防止液体随水流散，促使火势蔓延。在一般情况下，不能用直流水扑救可燃粉尘，如面粉、糖粉、煤粉等，防止形成爆炸性混合物。

（2）二氧化碳

二氧化碳灭火剂对于可燃液体、带电设备和诸如纸、木头等普通燃料相关的多种类型的火灾都有效。但它对含有氧的材料燃烧如硝酸纤维素，或与二氧化碳反应或分解二氧化碳的材料（如镁、钾、钠、钛、锌和金属氢化物），灭火效果不佳。

二氧化碳灭火的工作原理是通过窒息（通过置换氧气）和冷却灭火。二氧化碳的优点是通常具有惰性，作为气体它又能很容易地穿透和扩散，它是不导电的，并且不会留下任何残留物。可是，要将所有的喷射嘴接地，以免在有爆炸危险的环境中在其上聚集并释放静电，这是十分重要的。另外，因为二氧化碳浓度过高可能会引起窒息死亡，所以在使用二氧化碳的防火系统中，必须设计正确的安全操作程序。

（3）泡沫

灭火所用泡沫是由液态发泡药剂的水溶液产生的。泡沫灭火原理是通过窒息和冷却作用。然而，溶液中的水能覆盖、渗透和冷却燃烧着的材料。

2. 便携式灭火器

便携式灭火器是一种可携式灭火工具。灭火器内放置化学物品，用以扑灭火灾。灭火器是常见的防火设施之一，存放在公众场所或可能发生火灾的地方。不同种类的灭火筒内装填的成分不一样，是专为不同的火警而设的，使用时必须注意，以免产生反效果及引起危险。

灭火器的种类很多，按其移动方式可分为：手提式和推车式；按驱动灭火剂的动力来源可分为：储气瓶式、储压式、化学反应式；按所充装的灭火剂则又可分为：泡沫、干粉、卤代烷、二氧化碳、清水等。

（1）干粉灭火器

干粉灭火器内充装的是干粉灭火剂。干粉灭火剂是用于灭火的干燥且易于流动的微细粉末，由具有灭火效能的无机盐和少量的添加剂经干燥、粉碎、混合而成微细固体粉末组成。利用压缩的二氧化碳吹出干粉（主要含有碳酸氢钠）来灭火。

（2）泡沫灭火器

泡沫灭火器内有两个容器，分别盛放两种液体，它们是硫酸铝和碳酸氢钠溶液，两种溶液互不接触，不发生任何化学反应（平时千万不能碰倒泡沫灭火器）。当需要泡沫灭火器时，把灭火器倒立，两种溶液混合在一起，就会产生大量的二氧化碳气体。除了两种反应物外，灭火器中还加入了一些发泡剂。打开开关，泡沫从灭火器中喷出，覆盖在燃烧物品上，使燃着的物质与空气隔离，并降低温度，达到灭火的目的。

（3）清水灭火器

清水灭火器中的灭火剂为清水。水在常温下具有较低的黏度、较高的热稳定性、较大的密度和较高的表面张力，是一种古老而又使用范围广泛的天然灭火剂，易于获取和储存。

它主要依靠冷却和窒息作用进行灭火。因为每千克水自常温加热至沸点并完全蒸发汽化，可以吸收 2593.4kJ 的热量。因此，它利用自身吸收显热和潜热的能力发挥冷却灭火作用，是其他灭火剂所无法比拟的。此外，水被汽化后形成的水蒸气为惰性气体，且体积将膨胀 1700 倍左右。

在灭火时，由水汽化产生的水蒸气将占据燃烧区域的空间、稀释燃烧物周围的氧含量，阻碍新鲜空气进入燃烧区，使燃烧区内的氧浓度大大降低，从而达到窒息灭火的目的。当水呈喷淋雾状时，形成的水滴和雾滴的比表面积将大大增加，增强了水与火之间的热交换作用，从而强化了其冷却和窒息作用。

另外，对一些易溶于水的可燃、易燃液体还可起稀释作用；采用强射流产生的水雾可使可燃、易燃液体产生乳化作用，使液体表面迅速冷却、可燃蒸汽产生速度下降而达到灭火的目的。

（4）简易式灭火器

简易式灭火器是近几年开发的轻便型灭火器。它的特点是灭火剂充装量在 500g 以下，压力在 0.8MPa 以下，而且是一次性使用，不能再充装的小型灭火器。

简易式灭火器适于家庭使用，简易式 1211 灭火器和简易式干粉灭火器可以扑救液化石油气灶及钢瓶上角阀，或煤气灶等处的初起火灾，也能扑救火锅起火和废纸篓等固体可燃物燃烧的火灾。简易式空气泡沫适用于油锅、煤油炉、油灯和蜡烛等引起的初起火灾，也能对固体可燃物燃烧的火进行扑救。

9.3 防排烟

9.3.1 建筑火灾烟气的危害、流动规律与控制方式

建筑物内设置防排烟系统不是为了稀释烟气的浓度，而是要使火灾区的烟气向室外有序流动，使烟气不侵入疏散通道或使通道中的烟气流向室外，即人为地控制烟气流动。只有掌握了烟气扩散、流动的规律和防排烟方式的特点，才可能设置合理的防排烟系统，使烟气按设计路线流向室外。

1. 烟气的成分

火灾烟气是指火灾时各种可燃物在热分解和燃烧的作用下生成的产物与剩余空气的混合物，包括悬浮的固态粒子、液态粒子和气体的混合物。火灾发生时，燃烧可分为两个阶段：热分解过程和燃烧过程。由于可燃物的不同、燃烧的条件千差万别，因而烟气的成分、浓度也不会相同。但建筑物中绝大部分可燃材料都含有碳、氢等元素、燃烧的生成物主要是 CO_2、CO 及水蒸气，如燃烧时缺氧，则会产生大量的 CO。另外，塑料等含有氯，燃烧会产生 Cl_2、HCl、$COCl_2$（光气）等；很多织物中含有氮，燃烧后会产生 HCN（氰化氢）、NH_3 等。

2. 烟气的危害性

引起人员伤亡的主要原因是烟气中大量的 CO、醛类、聚氯乙烯燃烧产生的氢氯化合物和其他有毒气体使人体中毒，缺氧，甚至窒息死亡；其次是人员直接被烧死或者跳楼致伤残等。

火灾时人员可能因头部烧伤或吸入高温烟气而使口腔及喉头肿胀，以致引起呼吸道阻塞窒息。此时，如不能得到及时抢救，就有被烧死或被烟气毒死的可能性。

在烟气对人体的危害中，以一氧化碳的增加和氧气的减少影响最大。一氧化碳对人体的危害见本书第 3 章。在实际的火灾中，起火后这些因素往往是相互混合地共同作用于人体的，这比各有害气体的单独作用更具危险性。

3. 火灾烟气的流动规律

当建筑物发生火灾时，烟气在其内部的流动扩散一般有三条路线：第一条，也是最主要的一条是着火房间→走廊→楼梯间→上部各楼层→室外；第二条是着火房间→室外；第三条是着火房间→相邻上层房间→室外。引起烟气流动的因素很多，如烟囱效应、浮力作用、热膨胀、风力作用、通风空调系统等。

建筑物发生火灾时，烟气的流动是诸多因素共同作用的结果，而且火灾燃烧过程也各有差异，因而准确地描述烟气在各时刻的流动是相当困难的。但是了解烟气流动的各种因素的影响和烟气流动规律，有助于防排烟系统的正确设计，正确采用防烟、防火措施。

9.3.2　建筑的防烟与排烟

1. 烟气的控制原则

烟气控制的主要目的是在建筑物内创造无烟或烟气含量极低的疏散通道或安全区。烟气控制的实质是控制烟气合理流动，也就是不使烟气回流向疏散通道、安全区和非着火区，而向室外流动。因此，烟气的控制原则为：

（1）排烟——创造条件使烟气控制在本区域内并迅速由着火点直接排向室外，防止烟气蔓延到其他区域，即阻隔并排除。

（2）防烟——增加被保护区域内的压力，使其高于着火区和烟气区的压力，以阻止烟气蔓延到保护区域，即加压防烟。

2. 烟气的控制方式

烟气控制的主要目的是在建筑物内创造无烟区如防烟楼梯间及前室和人的特征高度（1.8m）以下无烟的疏散内走道。烟气控制的实质是控制烟气合理流动，也就是使烟气不流向疏散通道、安全区和非着火区，而是向室外流动。其主要方法有：防火和防烟区域划分、疏导排烟、加压防烟。本节内容不再展开，感兴趣的读者可翻阅本章参考文献［5］。

9.4　流行病控制与隔离

流行病出现后，在生活中应该怎样来避免流行病的爆发呢？应该从以下两个方面来做好控制和隔离工作：一是医院中的控制与隔离；二是生活中普通居室的控制与隔离。

9.4.1　医院建筑中流行病的控制与隔离

1. 医院建筑分区与隔离要求

医院建筑区域划分，根据患者获得感染危险性的程度，应将医院分为 4 个区域：

（1）低危险区域　包括行政管理区、教学区、图书馆、生活服务区等。

（2）中等危险区域　包括普通门诊、普通病房等。

（3）高危险区域　包括感染性疾病科（门诊、病房）等。

（4）极高危区域　包括手术室、重症监护病房、器官移植病房等。

各区域的隔离应符合以下要求：

（1）应明确服务流程，保证洁、污分开，防止因人员流程、物品流程交叉导致污染。

（2）建筑布局分区的要求：同一等级分区的科室相对集中，高危险区的科室宜相对独立，宜与普通病区和生活区分开。

（3）通风系统应区域化，防止区域间空气交叉污染。

（4）应按照 WS/T313 的要求配备合适的卫生设施。

2. 呼吸道传染病区的建筑布局与隔离要求

建筑布局时应将呼吸道传染病病区设在医院相对独立的区域，在潜在污染区和污染区，设立两通道和三区之间的缓冲间。缓冲间两侧的门不应同时开启，以减少区域之间空气流通。经空气传播疾病的隔离病区，应设置负压病室，病室的气压宜为 -30Pa，缓冲间的气压宜为 -15Pa。

呼吸道传染病病区应符合以下隔离要求：

（1）应严格服务流程和三区的管理，各区之间界线清楚，标识明显。

（2）病室内应有良好的通风设施。

（3）各区应安装适量的非手触式开关的流动水洗手池。

（4）不同种类传染病患者应分室安置。

（5）疑似患者应单独安置。

（6）受条件限制的医院，同种疾病患者可安置于一室，两病床之间距离不少于1.1m。

3. 负压病室的建筑布局与隔离要求

布置负压病室的建筑布局时应设病室及缓冲间，通过缓冲间与病区走廊相连。病室采用负压通风，上送风、下排风；病室内送风口应远离排风口，排风口应置于病床床头附近，排风口下缘靠近地面但应高于地面10cm。门窗应保持关闭。病室送风和排风管道上宜设置压力开关型的定风量阀，使病室的送风量、排风量不受风管压力波动的影响。负压病室内应设置独立卫生间，有流动水洗手和卫浴设施。配备室内对讲设备。

负压病室应符合以下隔离要求：

（1）送风应经过粗、中效过滤，排风应经过高效过滤处理，每小时换气6次以上。

（2）应设置压差传感器，用来检测负压值，或用来自动调节不设定风量阀的通风系统的送、排风量。病室的气压宜为30Pa，缓冲间的气压宜为-15Pa。

（3）应保障通风系统正常运转，做好设备日常保养。

（4）一间负压病室宜安排一个患者，无条件时可安排同种呼吸道感染疾病患者，并限制患者到本病室外活动。

（5）患者出院所带物品应消毒处理。

4. 感染性疾病病区的建筑布局与隔离要求

对于主要经接触传播疾病患者的病区，建筑布局应设在医院相对独立的区域，远离儿科病房、重症监护病房和生活区。设单独入、出口和入、出院处理室。中小型医院可在建筑物的一端设立感染性疾病病区。

感染性疾病病区应符合以下隔离要求：

（1）应分区明确，标识清楚；就诊人员应该按照指示牌规定的路线出入病区。

（2）不同种类的感染性疾病患者应分室安置；每间病室不应超过4人，病床间距应不少于1.1m。

（3）病房应通风良好，自然通风或安装通风设施，以保证病房内空气清新。

（4）应配备适量非手触式开关的流动水洗手设施。

5. 普通病区的建筑布局与隔离要求

普通病区的建筑布局，应在病区的末端设一间或多间隔离病室，并满足以下隔离要求：

（1）感染性疾病患者与非感染性疾病患者宜分室安置。

（2）受条件限制的医院，同种感染性疾病、同种病原体感染患者可安置于一室，病床间距宜大于0.8m。

（3）病情较重的患者宜单人间安置。

（4）病室床位数单排不应超过3床；双排不应超过6床。

6. 门诊的建筑布局与隔离要求

普通门诊应单独设立出入口，设置问讯、预检分诊、挂号、候诊、诊断、检查、治疗、交费、取药等区域，流程清楚，路径便捷。儿科门诊应自成一区，出入方便，并设预检分诊、隔离诊查室等。感染疾病科门诊应符合国家有关规定。

普通门诊应满足以下隔离要求：

（1）普通门诊、儿科门诊、感染疾病科门诊宜分开挂号、候诊。

（2）诊室应通风良好，应配备适量的流动水洗手设施和（或）配备速干手消毒剂。

（3）建立预检分诊制度，发现传染病患者或疑似传染病患者，应到专用隔离诊室或引导至感染疾病科门诊诊治，可能污染的区域应及时消毒。

7. 急诊科（室）的建筑布局与隔离要求

急诊科在建筑布局上应设单独出入口、预检分诊、诊查室、隔离诊查室、抢救室、治疗室、观察室等。有条件的医院宜设挂号、收费、取药、化验、X 线检查、手术室等。急诊观察室床间距应不小于 1.2m。

急诊科应满足以下隔离要求：

（1）应严格预检分诊制度，及时发现传染病患者及疑似患者，及时采取隔离措施。

（2）各诊室内应配备非手触式开关的流动水洗手设施和（或）配备速干手消毒剂。

（3）急诊观察室应按病房要求进行管理。

9.4.2 流行病爆发期间居室消毒

普通居室在流行病爆发期间必须做到的控制措施就是消毒，正确的空气消毒方法有以下几种：

（1）自然通风法：不管天气多么寒冷，每天均应有一段时间开窗通风，最佳时间为上午 9 时、下午 3 时左右，一般要通风 10 ~ 30min。

（2）紫外线照射法：无人时，可在每个房间（15m^2 左右）安装一只 30W 的低臭氧紫外线灯，照射 1h 以上，可杀灭室内空气中 90% 的病原微生物。

（3）食醋消毒法：食醋中含有醋酸等多种成分，具有一定的杀菌能力，可用作家庭室内的空气消毒。每 10m^2 可用食醋 100 ~ 150g，加水 2 倍，放碗内用文火慢蒸 30min，煮沸熏蒸时，最好将门窗关闭。每日熏蒸 1 ~ 2 次，连续熏蒸 3 日。

（4）艾卷消毒法：还可以在关闭门窗后，点燃艾卷熏，每 25m^2 用 1 个艾卷，半小时后，再打开门窗通风换气。

9.5 疏散和逃生

为保证安全地撤离危险区域，建筑物应设置必要的疏散设施，如太平门、疏散楼梯、天桥、逃生孔以及疏散保护区域等。

9.5.1 人员的安全疏散

火灾时，在场人员有烟气中毒、窒息以及被热辐射、热气流烧伤的危险。因此，发生火灾后，首先要了解火场有无被困人员及其被困地点和抢救的通道，以便进行安全疏散。

当遇有居民住宅、集体宿舍和人员密集的公共场所起火，人员安全受到威胁时，或因发生爆炸着火，在建筑物倒塌的现场或浓烟弥漫、充满毒气的房屋里，人员受伤、被困时，必须采取稳妥可靠的措施，积极进行抢救和疏散。有时，人们虽然未受到火的直接威胁，但处于惊慌失措的紧张状态（如影剧院、医院等公共场所发生火灾），有造成伤亡事故的危险，在喊话宣传稳定情绪的同时，也要尽快地组织疏散，撤离火灾现场。

一般情况下，绝大多数的火灾现场被困人员可以安全地疏散或自救，脱离险境。因此，必须坚定自救意识，不惊慌失措，冷静观察，采取可行的措施进行疏散自救。

1. 能见度差，鱼贯地撤离

疏散时，如人员较多或能见度很差时，应在熟悉疏散通道的人员带领下，鱼贯地撤离起火点。带领人可用绳子牵领，用"跟着我"的喊话或前后扯着衣襟的方法将人员撤至室外或安全地点。

2. 烟雾较浓，做好防护，低姿撤离

在撤离火场途中被浓烟所围困时，由于烟雾一般是向上流动，地面上的烟雾相对地说比较稀，因此可采用低姿势行走或匍匐穿过浓烟区的方法；如果有条件，可用湿毛巾等捂住嘴、鼻，或用短呼吸法，用鼻子呼吸，以便迅速撤出烟雾区。

3. 楼房着火，利用有利条件，不盲目跳楼

楼房的下层着火时，楼上的人不要惊慌失措，应根据现场的不同情况采取正确的自救措施。如果楼梯间只是充满烟雾，可采取低姿势手扶栏杆迅速而下；如果楼梯已被烟火封住但未坍塌，还有可能冲得出去时，则可向头部、上身淋些水，用浸湿的棉被、毯子等物披围在身上从烟火中冲过去；如果楼梯已被烧断、通道被堵死，可通过屋顶上的老虎窗、阳台、落水管等处逃生，或在固定的物体上（如窗框、水管等）拴绳子，也可将被单、窗帘撕成条连接起来，然后手拉绳缓缓而下；如果上述措施行不通时，则应退居室内，关闭通往着火区的门窗，还可向门窗上浇水，延缓火势蔓延，并向窗外伸出衣物或抛出小物件发出求救信号或呼喊，引起楼外人员注意，设法求救；在火势猛烈，时间来不及的情况下，如被困在二楼要跳楼时，可先往楼外地面上抛掷一些棉被等物，或地面人员在地上垫席梦思等软垫，以增加缓冲，然后手拉着窗台或阳台往下滑，这样可使双脚先着地，又能缩小高度；如果被困在三楼以上，则不能盲目跳楼，可转移到其他较安全地点，耐心等待救援。

4. 高层着火，冷静处置，不要跳楼

高层建筑着火时，疏散较为困难，因此更应沉着冷静，不可采取莽撞措施，以避免造成次生灾害。首先要冷静地观察从哪里可以疏散逃生，并且要呼叫他人，提醒他人及时进行疏散。疏散时应按照安全出口的指示标志，尽快地从安全通道和室外消防楼梯安全撤出。切勿盲目乱窜或奔向电梯，那样反而贻误逃生的时机或被困在电梯间而致死。这是因为，火灾时电梯的电源常常被切断，同时电梯井烟囱效应很强，烟火极易向此处蔓延。如果情况危急，急欲逃生，可利用阳台之间的空隙、落水管或自救绳等滑行到没有起火的楼层或地面上，但千万不要跳楼。如果确实无力或没有条件用上述方法自救时，可紧闭房门，减少烟气、火焰侵入，躲在窗户下或到阳台避烟，单元式住宅高楼也可沿通至屋顶的楼梯进入楼顶，等待到达火场的消防人员解救。总之，在任何情况下，都不要放弃救生的希望。

5. 自身着火，快速扑打，不能奔跑

火灾时人身着火的应急措施：一旦衣帽着火，应尽快把衣帽脱掉，如来不及，可把衣服撕碎扔掉，切记不能奔跑，那样会使身上的火越烧越旺，还会把火种带到其他场所，引起新的火点。例如，1982 年某县制药厂着火，很多人正在扑救火灾时，突然汽油发生爆炸，以致不少人身上都着了火，有的拼命向厂外跑，身上的火越烧越旺，被烈火夺去了生命；有的翻越围墙，跳进了小河，虽受了重伤，但生命得救了。

身上着火，着火人也可就地倒下打滚，把身上的火焰压灭；在场的其他人员也可用湿麻袋、毯子等物把着火人包裹起来以窒息火焰；或者向着火人身上浇水，帮助受害者将烧着的衣服撕下；或者跳入附近池塘、小河中将身上的火熄掉。

6. 保护疏散人员的安全，防止再入"火口"

火场上脱离险境的人员，往往因某种心理原因的驱使，不顾一切，想重新回到原处。如自己的亲人还被围困在房间里，急于救出亲人；怕珍贵的财物被烧，想急切地抢救出来等。这不仅会使他们重新陷入危险境地，且给火场扑救工作带来困难。所以，火场指挥人员应组织人安排好这些脱险人员，做好安慰工作，以保证他们的安全。

9.5.2　生活用品及其他财产的疏散

火场上的生活用品及其他财产疏散应该是有组织地进行，目的是为了最大限度地减少损失，防止火势蔓延和扩大。

1. 应急于疏散的物品

（1）疏散那些可能扩大火势和有爆炸危险的物资。例如起火点附近的汽油、柴油桶，充装有气体的钢瓶以及其他易燃、易爆和有毒的物品。

（2）疏散性质重要、价值昂贵的物资。例如，档案资料、精密仪器、珍贵文物以及经济价值大的原料、产品、设备等。

（3）疏散影响灭火战斗的物资。例如，妨碍灭火行动的物资、怕水的物资（如电石）等。

2. 组织疏散的要求

（1）将参加疏散的职工或群众编成组，指定负责人，使整个疏散工作有秩序地进行。

（2）先疏散受水、火、烟威胁最大的物资。

（3）疏散出来的物资应堆放在上风向的安全地点，不得堵塞通道，并派人看护。

（4）尽量利用各类搬运机械进行疏散，如起重机、输送机、汽车、装卸机等。

（5）怕水的物资应用苫布进行保护。

9.5.3　特殊情况下的疏散

1. 人员密集场所的疏散

影剧院、体育馆、礼堂、医院、学校以及商店等人员密集场所，一旦起火，如果疏散不力，就会造成重大伤亡事故。因此，人员疏散是头等任务。这些场所的安全出口数量、走道、楼梯和门的宽度以及到达疏散出口的距离等，都必须符合防火设计要求。同时，还应做好各种情况下的安全疏散准备工作，以适应火灾时安全疏散的需要。

（1）制订安全疏散计划。按人员的分布情况，制订在火灾等紧急情况下的安全疏散路线，并绘制平面图，用醒目的箭头标示出出入口和疏散路线。路线要尽量简捷，安全出口的利用率要平均。对工作人员要明确分工，平时要进行训练，以便火灾时按疏散计划组织人流有秩序地进行疏散。

（2）在经营时间，工作人员应坚守岗位，并保证安全走道、楼梯和出口畅通无阻。安全出口不得锁闭，通道不得堆放物资。组织疏散时应进行宣传，稳定情绪，使大家能够积极配合，按指定路线尽快将在场人员疏散出去。

（3）安全疏散时要维持好秩序，注意不要互相拥挤，要扶老携幼，帮助残疾人和有病、行动不便的人一起撤离火场。

2. 地下建筑的安全疏散

地下建筑包括地下旅馆、商店、游艺场、物资仓库等，这些场所发生火灾时，烟气流对人的危害很大，因此需要在更短的时间里将人员疏散出去。地下建筑由于空间较小，疏散设施有限，起火时烟气很快充满空间，空间温度高，能见度极差，人们在惊慌中又易迷失方向等，人员疏散只能通过出入口。安全疏散的难度要比地面建筑大得多，所以这种场所的安全疏散工作更需加强。

（1）应制订区间（两个出入口之间的区域）疏散计划。计划应明确指出区间人员疏散路线和每条路线上的负责人。计划要用平面图显示出来。

（2）服务管理人员都必须熟悉计划，特别是要明确疏散路线，一旦发生紧急情况，能沉着地引导人流撤离起火场所。

（3）地下建筑内的走道两侧安装的招牌、广告、装饰物均不得突出于走道内。

（4）地下建筑失火时，如果发生断电事故，营业单位应立即启用事故照明设施或使用手电筒、电池灯等照明器具，以引导疏散。

（5）单位负责安全的管理人员在人员撤离后应清理现场，防止有人在慌乱中采取躲藏起来的办法而发生中毒或被烧死的事故。

本章参考文献

［1］梁延东．建筑消防系统［M］．北京：中国建筑工业出版社，1997.

［2］唐中华．暖通空调［M］．成都：电子科技大学出版社，2009.

［3］消防联动控制系统 GB16806—2016/XG1—2016［S］．北京：中国标准出版社，2016.

［4］建筑设计防火规范 GB50016—2014［S］．北京：中国计划出版社，2014.

［5］高层民用建筑设计防火规范 GB50045—95（2005）［S］．北京：中国计划出版社，2005.

［6］民用建筑供暖通风与空气调节设计规范 GB50736—2012［S］．北京：中国建筑工业出版社，2012.

［7］徐伟．民用建筑供暖通风与空气调节设计规范宣贯教材［M］．北京：中国建筑工业出版社，2012.

［8］火灾自动报警系统设计规范 GB50116—2013［S］．北京：中国计划出版社，2014.

［9］医院隔离技术规范 WS/T311—2009［S］．北京：人民卫生出版社，2009.

第 10 章　居室装饰环境与空间美学

大自然是人类生活的第一环境，城市建设环境是第二环境，居室是人类的第三环境，而居室是人类主要的活动场地。为了在这个场地更加舒服和便捷，居室环境装饰与空间美学在这里就显得尤为突出。本章就居室装修美学的基本观念作简单阐述。

10.1　室内色彩搭配

对于现在紧张又忙碌的生活来说，装修是一个会占用大量时间和精力的过程。选择一种自己喜爱的颜色作为居室风格设计主线，一切围绕这个主线来选择和搭配，这应该是一种省力又讨巧的办法，能把握自己心仪的色彩也是一件比较有成就感的事。但是，不同颜色对于长期身处其中的人会产生不同的心理影响，日积月累，这种影响将会变成一种不可忽视的力量，继而影响到生活的方方面面，不同颜色对人的情绪和心理的影响有差别。

暖色系列：红、黄、橙色能使人心情舒畅，产生兴奋感；而青、灰、绿色等冷色系列则使人感到清静，甚至有点忧郁。白、黑色是视觉的两个极点，研究证实：黑色会分散人的注意力，使人产生郁闷、乏味的感觉。长期生活在这样的环境中人的瞳孔极度放大，感觉麻木，久而久之，对人的健康、寿命产生不利的影响。把房间都布置成白色，有素洁感，但白色的对比度太强，易刺激瞳孔收缩，诱发头痛等病症。

美国学者研究发现：悦目明朗的色彩能够通过视神经传递到大脑神经细胞，从而有利于促进人的智力发育。在和谐色彩中生活的少年儿童，其创造力高于普通环境中的成长者。若常处于让人心情压抑的色彩环境中，则会影响大脑神经细胞的发育，从而使智力下降。

正确地应用色彩美学，还有助于改善居住条件。宽敞的居室采用暖色装修，可以避免房间给人以空旷感；房间小的住户可以采用冷色装修，在视觉上让人感觉大些。人口少而感到寂寞的家庭居室，配色宜选暖色，人口多而觉喧闹的家庭居室宜用冷色。同一家庭，在色彩上也有侧重，卧室装饰色调暖些，有利于增进夫妻情感的和谐；书房用淡蓝色装饰，使人能够集中精力学习、研究；餐厅里，红棕色的餐桌，有利于增进食欲。对不同的气候条件，运用不同的色彩也可一定程度地改变环境气氛。在严寒的北方，人们希望温暖，室内墙壁、地板、家具、窗帘选用暖色装饰会有温暖的感觉，反之，南方气候炎热潮湿，采用青、绿、蓝色等冷色装饰居室，感觉上会比较凉爽些。

在准备装饰居室时，对色彩的搭配应以适应个人感受为前提，因为周围的环境和自然界的色彩是非常丰富多彩的，人们会对各种颜色产生不同的心理生理反应。

红色：在所有的颜色中，红色最能加速脉搏的跳动，接触红色过多，会感到身心受压，出现焦躁感，长期接触红色还会使人疲劳，甚至出现精疲力竭的感觉。因此没有特殊情况，起居室、卧室、办公室等不应过多地使用红色。

黄色：古代帝王的服饰和宫殿常用此色，能给人以高贵、娇媚的印象，可刺激精神系统和消化系统，还可使人们感到光明和喜悦，有助于提高逻辑思维的能力。如果大量使用金黄色，容易出现不稳定感，引起行为上的任意性。因此，黄色最好与其他颜色搭配用于家居装饰。

绿色：是森林的主调，富有生机，可以使人想到新生、青春、健康和永恒，也是公平、安静、智能、谦逊的象征，它有助于消化和镇静，促进身体平衡，对好动者和身心受压者极有益，自然的绿色对于克服疲劳和消极情绪有一定的作用。

蓝色：最使人联想到碧蓝的大海，使人联想到深沉、远大、悠久、理智和理想。蓝色是一种极其冷静的颜色，从消极方面看，也容易激起忧郁、冷淡等情感。但是，蓝色能缓解紧张情绪，缓解头痛、发烧、失眠等症状，有利于调整体内平衡，使人感到幽雅、宁静。

橙色：能产生活力、诱人食欲，有助于钙的吸收。因此，可用于餐厅等场所，但彩度不宜过高，否则，可能使人过于兴奋，出现不良情绪等后果。

紫色：对运动神经系统、淋巴系统和心脏系统有抑制作用，可以维持体内的钾平衡，并使人有安全感。

橙蓝色：有助于肌肉松弛，减少出血，还可减轻身体对于痛感的敏感性。

总之，在考虑房间的色彩处理时，一定要熟悉一般的色彩心理效果，同时对色彩的生活效果也应引起注意。这样，您的房间才会既典雅、温馨，又有益于身心健康。

而在居室色彩搭配时，应该基于以下原则：

第一条，空间配色不得超过三种，其中白色、黑色不算色。

第二条，金色、银色可以与任何颜色相陪衬，金色不包括黄色，银色不包括灰白色。

第三条，在没有设计师指导的情况下，家居最佳配色灰度是：墙浅，地中，家私深。

第四条，厨房不要使用暖色调，黄色色系除外。

第五条，不要用深绿色的地砖。

第六条，坚决不要把不同材质但色系相同的材料放在一起。

第七条，想制造明快现代的家居氛围，那么就不要选用那些印有大花小花的东西（植物除外），尽量使用素色的设计。

第八条，顶棚的颜色必须浅于墙面或与墙面同色。当墙面的颜色为深色时，顶棚必须采用浅色。顶棚的色系只能是白色或与墙面同色系。

第九条，空间非封闭贯穿的，必须使用同一配色方案；不同的封闭空间，可以使用不同的配色方案。

说明：在一般的室内设计中，都会将颜色限制在三种之内。当然，这不是绝对的。由于专业的室内设计师熟悉更深层次的色彩关系，用色可能会超出三种，但一般只会超出一种或两种。

关于限制三种颜色的定义有下面三个方面的诠释：

（1）三种颜色是指在同一个相对封闭空间内，包括顶棚、墙面、地面和家私的颜色。客厅和主人房可以有各成系统的不同配色，但如果客厅和餐厅是连在一起的则视为同一空间。

（2）白色、黑色、灰色、金色、银色不计算在三种颜色的限制之内。但金色和银色一般不能同时存在，在同一空间只能使用其中一种。

（3）图案类以其呈现色为准。办法是，眯着眼睛看即可看出其主要色调。但如果一个大型图案的个别色块很大的话，同样得视为一种色。

而在实际装修时，一开始就要有一个整体的配色方案，以此确定装修色调和家具以及家饰品的选择。如果能将色彩运用和谐，您可以更加随心所欲地进行空间色彩搭配。下面是常见的几种装修方案：

方案一：黑 + 白 + 灰 = 永恒经典

黑加白可以营造出强烈的视觉效果，而近年来流行的灰色融入其中，缓和黑与白的视觉冲突感觉，从而营造出另外一种不同的风味。

三种颜色搭配出来的空间中，充满冷调的现代与未来感。在这种色彩情境中，会由简单而产生出理性、秩序与专业感。

近几年流行的"禅"风格，表现原色，注重环保，用无色彩的配色方法表现麻、纱等材质的天然感觉，是现代派的自然质朴风格。

方案二：银蓝 + 敦煌橙 = 现代 + 传统

以蓝色系与橘色系为主的色彩搭配，表现出现代与传统，古与今的交汇，碰撞出兼具超现实与复古风味的视觉感受。

蓝色系与橘色系原本又属于强烈的对比色系，只是在双方的色度上有些变化，让这两种色彩能给予空间一种新的生命。

方案三：蓝 + 白 = 浪漫温情

一般人在居家中，不太敢尝试过于大胆的颜色，认为还是使用白色比较安全。如果喜欢用白色，又怕把家里弄得像医院，不如用白 + 蓝的配色，就像希腊的小岛上，所有的房子都是白色，顶棚、地板、街道全部都刷上白色的石灰，呈现苍白的调性。

但天空是淡蓝的，海水是深蓝的，把白色的清凉与无瑕表现出来，这样的白，令人感到十分自由，好像是属于大自然的一部分，令人心胸开阔，居家空间似乎像海天一色的大自然一样开阔自在。

要想营造这样的地中海式风情，必须把家里的东西（如家具、家饰品、窗帘等）都限制在一个色系中，才有统一感。

方案四：黄 + 绿 = 新生的喜悦

在比较年轻人士的居住空间中，使用鹅黄色搭配紫蓝色或嫩绿色是一种很好的配色方案。

黄绿色很适合来突出一面墙。这里的黄绿色墙面上挂了大幅的艺术作品，搭配了灰色、现代的座椅。注意紫色在这个空间里与黄绿色呈现的艺术效果。

鹅黄色是一种清新、鲜嫩的颜色，代表的是新生命的喜悦，最适合家里有小 baby 的居家色调。如果绿色是让人内心感觉平静的色调，可以中和黄色的轻快感，让空间稳重下来。所以，这样的配色方法是十分适合年轻夫妻使用的方式。

10.2　空间美学

室内设计是以美学原理为依据，无论是室内装饰的形式与造型，还是色彩的组合，以及材质的运用等，皆建立在美学原理的基础之上。室内设计是一种创造美的艺术。然而，室内设计师却不能像画家那样，由自己来实现并完成这个艺术作品。而是需要通过众多的施工人员，利用众多的材料，运用正确的施工方法来共同完成。

另一方面，装饰施工图不可能把所有结构都表现清楚，更不可能把各个表面的具体处理方法都说明得很完整，把各种材料都搭配处理好。因此，在室内装饰工程的施工中，有许多结构问题、饰面问题、材料问题、装饰效果处理问题等，需要施工人员根据设计意图和具体情况去处理解决。在这个过程中包含了艺术创作的过程和完善设计思想的过程。同时，施工中处理造型和饰面方法，又必须在设计意图中，在现代美学的规范之中。

就建筑物而言，"空间"一般是指由结构和界面所限定围合的供人类活动、生活、工作的空间结构，具有顶界面是室内设计的最大特点。室内空间设计的美学原则主要有以下几个方面：

1. 统一性

统一性就是设计空间的整体感。建筑空间中的物体在造型、色彩、质感、材料或比例等因素上都要高度统一，零散、单一的元素要联系在一起，人们将易于从整体上感悟空间和把握事物，使空间具有条理性、规律性、秩序性。统一性是把相似的元素按照一定的秩序结合起来形成一个整体。设计如果没有统一性，就会变得没有秩序，没有空间。

2. 协调性

指空间元素和它们周围环境之间相一致的一种状态。与统一性所不同的是协调性是指元素之间的关系而不是就整个布局而言。那些混合、交织或彼此适合的元素都可以是协调的，而那些干扰彼此的完整性或方向性的元素是不协调的。协调性的把握关键在于保持平滑的过渡、牢固的连接、不同元素间的缓冲。基本原则是避免出现不协调、生硬或不牢固的元素。协调的布局在视觉上给人以舒适感。当然，也有一些故意使人产生窘迫和紧张之感的布局不在此列。

3. 趣味性

指空间需被设计为具有吸引力、情趣和意味，能引发受众的好奇、着迷并产生愉悦的特点。从美学角度上说具有趣味性是必需的，也就是设计成功与否的关键。通过使用不同形状、尺寸、质地、颜色的元素，以及使用变换方向、运动轨迹、声音、光质等手段可以产生一定的趣味性。使用那些易于引起探索和惊奇兴趣的特殊元素及不寻常的组织形式，则效果更佳。

4. 简约

尽量减少或消除多余之物。但简约不等于简单，而是通过线条、形式、质地、色彩使空间简洁化。因此，它是在空间具有最大的使用功能的前提下，是设计单纯明快、清晰明了的一种基本表现形式。

5. 突出重点

突出重点是指在景观设计中突出某一元素或一个小区域，使之具有吸引力和影响力。突出重点的设计能使人避免视觉疲劳并能帮助辨别方向。当人们能很容易地判断出哪一项最重要时，设计将会变得更加令人愉快。

6. 平衡

是对平衡状态的感觉，暗示着稳定并被用于引进平和、宁静的感觉。在景观设计中，平衡的设计更多地被应用于静止的观察点，如阳台上、入口处或休息区的观察点。景观中的这种平衡通常是指垂直轴上注意力的平衡。正式的平衡是指几何对称的图形，其特点是在中轴的两侧重复应用同一种元素。它是静态的和可预测的，并可营造出一种威严、尊严和征服自然之感。

7. 尺度和比例

涉及高度、长度、面积、数量和体积之间的相互比较。这种比较可以在几种元素之间，也可在一种元素和它所在的空间之中进行，还可把人们看到的物体同自己的身体进行比较。

8. 顺序

静止的观景点如平台、坐凳等是一片开敞的空间中重要的间隔点。人们穿越外部空间的同时也在体会这一空间，那些事件和空间之间的一系列联系物就是顺序，水从山洞的小溪中缓缓流出，渐渐变成瀑布，汇成一泓深潭，然后极速奔流，终归江湖。同样，设计者在外部空间设计时也应考虑到方向、速度及运动的方式。有顺序的空间应该有一个起始点或入口，用以指示主要路径。接下来应该是各种空间和重要景点，它们通过一条脉络向下延续，最后到达终点。结束点应该是主要的间歇点并要展示一种强烈的位置感，一种居全景中心位置之感。它也可能是通向另一个序列的门槛。事实上无论有多少条路道路，只要顺序得当都是可以的。

专业设计师按照正常的规则就可以做出设计，这些原则可以使设计师在设计中避免犯许多常见的错误，设计出协调的、统一的、有趣的同时也能满足业主需要的方案。

10.3　室内设计组织

现代家庭室内设计是在现代生活的空间里考虑人的行为正常发展及其相互关系的和谐。由于设备、陈设、家具等高度成就而大大改观了室内设计的本质，使之不再满足人们对室内视觉上的美化装饰要求，而是综合运用技术手段、艺术手段创造出符合现代生活要求，满足人的生理和心理需要的室内环境。

现代家庭室内设计必须满足人在视觉、听觉、体感、触觉、嗅觉等多方面的要求。从家具造型到陈设挂件，从采光到照明，从室内到室外，来重视整体布置，创造一个共享空间，满足不同经济条件和文化层次的人的生活与精神需要。所以在室内设计中，无论是家庭还是公共场所，都必须考虑与室内设计有关的基本要素来进行室内设计与装饰。这些基本因素主要有功能（包括使用功能和精神功能）、空间、色彩、线条、质感、采光与照明，家具与陈设，绿化等。

1. 室内设计基本要素

室内设计的基本要素包括：功能、空间、色彩、线条、质感、采光与照明、家具与陈设、绿化。

（1）功能

在考虑功能中首先要明确使用对象和空间的特定用途。在家庭室内设计中，首先应对居住者作较为细致的了解。诸如：家庭成员构成；生活方式；家庭成员的业余爱好和情趣；来客情况；电器安装的要求；家庭用餐；色彩要求；家具的材料、式样、色调；室内纺织品的选择；地面、墙面、顶棚的材料；采光、照明等。

（2）空间

居室空间作为家庭室内设计的起点，在这个空间里人们要进行起居、睡眠、休息、娱乐、会客、团聚、家务、洗浴等众多的活动。因此，室内设计的任务就是在居室空间里，要为现代生活的秩序创造一个良好的条件。

空间形象有着自己的规律性和内涵的几何原则。空间尺度给人的直感形态是第一性的，人们喜欢有规则、有序列的几何形体。

室内的空间进行合理的划分才能使偌大的空间变得充实，使狭窄的空间显得宽敞。

（3）色彩

色彩在室内设计中同样也是重要的构成因素，色彩不仅仅局限于地面、墙面与顶棚，还包括房间里的一切装修、家具、设备、陈设等。所以，室内设计中心须在色彩上进行全面认真的推敲，使室内空间里的墙纸、窗帘、地毯、沙发罩、家具、陈设、装修等色彩的相互协调，才能取得令人满意的室内效果。

（4）线条、质感

线条是统一室内各部分或房间相互联系起来的一种媒介。垂直线条常给人以高耸、挺拔的感觉，水平线条常使人感到活泼、流畅。在现代家庭室内空间中，用通长的水平窗台，窗帘和横向百叶以及低矮的家具，来形成宁静的休息环境。

材料质地的不同常给人不同的感觉，质感粗糙的往往使人感觉稳重、沉着或粗犷；细滑的则感觉轻巧、精致。材料的质感还会给人以高贵或简陋的感觉。成功地运用材质的变化，往往能加强室内设计的艺术表现力。

（5）采光与照明

在室内空间中光也是很重要的。室内空间通过光来表现，光能改变空间的个性。室内空间的光源有自然光和人工光两大类，室内自然光或灯光照明设计，在功能上满足照明、光质、视觉和效率，光影适度，布局便利，还要重视艺术效果。

室内照明的表现必须根据室内设计的要求，确定布局形式、光源类型、灯具类型、配光方式以及室内的装饰、色彩、家具、陈设等风格上的协调统一。体现实用与装饰相结合，来增强室内空间的艺术气氛。

（6）家具与陈设

在室内设计中，家具有着举足轻重的作用，是现代室内设计的有机构成部分。家具的功能具有两重性。家具既是物质产品又是精神产品，是以满足人们生活需要的功能为基础。在家庭室内设计中尤为重要。因为，空间的划分是以家具的合理布置来达到功能分区明确、使用方便、感觉舒适的目的。

根据人体工程学的原理生产的家具，能科学地满足人类生活各种行为的需要，用较少的时间、较低的消耗来完成各种动作，从而组成高度适用而紧凑的空间，使人感到亲切。陈设系统指除固定于室内墙、地、顶及建筑构体、设备外一切适用的，或供观赏的陈设物品。家具是室内陈设的主要部分，还包括室内纺织物、家用电器、日用品和工艺品等。

室内织物包括窗帘、床单、台布、沙发面料、靠垫以及地毯、挂毯等。

在选用纺织品时，其色彩、质感、图案等除考虑室内整体的效果外，还可以作为点缀。室内如缺少纺织品，就会缺少温暖的感觉。家用电器主要包括电视机、音响、电冰箱、录像机、洗衣机等在内的各种家用电器用品。日用品的品种多而杂，陈设中主要有陶瓷器皿、玻璃器皿、文具等。

工艺品包括书画、雕塑、盆景、插花、剪纸、刺绣、漆器等，能美化空间，供人欣赏。

作为陈设艺术，有着广泛的社会基础，人们按自己的知识、经历、爱好、身份以及经济条件等安排生活，选择各类陈设品。

综合家具、装饰品和各类日用生活用品的造型、比例、尺度、色彩、材质等方面的因素，使室内空间得到合理的分配和运用，给人们带来舒适和方便，同时又得到美的熏陶和享受。

（7）绿化

室内绿化可调节温、湿度、净化室内环境，组织空间构成，使室内空间更有生气、有活力，以自然美增强内部环境表现力。

植物的绿色具有生命力，既活泼又生动，会带给人以和平安定的感觉。而且，花木不但是生命的象征，还有色、香、味三种特性，可启发智慧、怡情悦性。

鲜花、绿叶、插花、干枝都是点缀的佳品，配合家具造型，同柔质材料制作的人工盆景，使其形态和室内环境协调，仍可增加室内气氛给人以超自然的感觉。

2. 室内设计个案分析

对家庭来说，室内设计只要以基本要素为出发点，了解自己所拥有的居住条件，来组织和设计活动的区域和交通路线，空间处理，注重通风、采光、照明、色彩以及家具的设计，兼顾室内陈设的点缀，才能设计出具有个性，适应生理和心理要求的舒适环境。

针对不同的室内环境，应该有不同的设计方式，本节针对几种常见的个案进行说明：

（1）会客厅的设计（见图 10-1）

1）运用基本要素进行构思，露木扶手沙发采用深色调。地面木制地板铺饰，局部地毯点缀。古典风格的吊灯与典雅的窗饰相呼应，处理简明，质朴自然，衬托出室内使用功能的主题。

2）在设计手法上强调墙面的处理和地面的装饰，在木砖装饰的墙面上，挂有装饰画及绿色植物进行点缀。沙发的面料与地毯的色调和图案相似，风格统一。角部的室内灯光照明突出了室内功能。

（2）卧室的设计（见图 10-2）

图 10-1　会客厅设计示范

图 10-2　卧室设计示范

卧室的室内设计讲究实用，合理划分功能区域。将物品及衣物等收入壁橱内，注重室内环境的整体效果，突出卧室的功能，使卧室陈设在显著的位置上，便于睡卧。色彩趋向暖调。合理使用灯光照明，舒适宜人。

（3）餐厅的设计（见图10-3）

1）强调进餐的优雅环境，给人舒适之感。以自然采光为主，辅用人工灯光点缀处理，强调进餐的局部照明效果。家具及室内其他木制品装饰采用同一色彩，室内色调统一。辅以花卉点缀，精心舒畅。

2）色彩以黑白色调为主题，家具造型简洁，突出就餐功能的需要。地面与顶棚的处理采用相同的装饰手法，给人以韵律之美感。白色的吊灯、合灯、餐具、窗帘给人清洁高雅之感。

（4）书房的设计（见图10-4）

图10-3 餐厅设计示范

图10-4 书房设计示范

书房的室内设计，需要古朴自然格调的家具，配有同样色调的木制地板。木窗、镜框线的装饰，使室内环境高雅充实，宁静平稳。

10.4 营造温馨居室

随着现代居室内装修的兴起，随之而孕育产生了室内软装饰系列配套设计。有人说，大自然是人类生活的第一环境，城市建设是第二环境，居室是人类的第三环境，这是很有道理的，因为一般人在第三环境的生活时间居多，是主要的活动场地。除了室内装潢的硬装饰以外，居室的软装饰对于美化第三环境显得举足轻重。硬装饰往往仅为视觉美，而软装饰才真正直接为起居服务，因而，把资金全投到硬装饰而忽视软装饰的做法是不明智的。第三环境是否舒适、美观、科学、合理，对人的身心愉悦的生活气氛具有相当重要的参与作用。

所谓软装饰是泛指窗帘、门帘、床罩、枕套、沙发套垫、地毯、台布等。这些被称为居室软装饰的物品，往往对室内色彩风格的情调起着决定性的作用。软装饰的设计包含了很值得研究的美学知识。

黑格尔说过："美就是和谐"。美是单纯的、鲜明的、和谐的。不少成功的设计无不在单纯中渗透着恰到好处的比例、明确而和谐的色调、简洁而有分寸的装饰。因此，室内软装饰的设计只有求得功能、经济、艺术上的和谐统一，服从于室内整体设计的需要，才能创造美。

一般而言，设计时选用的面料品种越少，室内的装饰织物便越具有整体感。将床罩、窗帘、台布、沙发及靠垫、毛毯等不同功用与形状的装饰织物在色彩、图案、纹样、质地、款式上有机统一起来，又在统一中有所变化，并与室内的环境整体相互协调，以求硬装饰与软装饰达到美的和谐。这种系列配套设计必须从大处着眼，掌握主次关系，注意面积分配。

线条和色彩是造型艺术中的两大因素。但相比较而言，色彩是更为强烈的审美形式，因为色彩的感受以自然反应为直接基础，而线条则往往需要更多的观念、想象和理解的成分。所以，对室内软装饰而言，选色是具有决定意义的。局部来说，一块面料，一种颜色并不单纯地存在漂亮与不漂亮的问题，因为室内装饰织物总是与室内环境相比较而存在的。例如，鸡蛋壳色的面料处在米色的环境中显得比较协调，而在湖蓝色的环境中就会显得格格不入。所以，选用面料的色彩时，应首先考虑与室内环境色调取得协调和统一。其次，也可根据季节和不同需要，设计、制作出造型、色彩各异的几套，以求变化。夏季可以用淡雅色彩的织物，冬、秋季用温暖、艳丽色彩的织物，款式上可有华丽、简洁等多种变化。常变换一下软装饰，能使居室环境得以经常性的调节，增添新的情趣和新鲜、欢快之感。

人的生活与色彩紧密相连，人们的生活经验不同，对色彩的感受也不同。每个家庭都有自己的色彩意识。一般来说，在整体上要以低纯度的色调为主，然后再以高纯度色彩局部重点和中心点缀，这样可以收到典雅而丰富的艺术效果。只有科学用色，方能利于健康，才能符合功能要求，取得美的效果。

室内软装饰的现代化是室内装饰的重要组成部分。科学的选择和起到好处的装饰，将会使家庭和生活更和谐、更温馨、更美好！

本章参考文献

[1] 董舫，王春晖. 室内空间设计的美学原则 [J]. 艺海，2010，3.

[2] 高祥生. 室内设计概论 [M]. 沈阳：辽宁美术出版社，2009.

[3] http://wenku.baidu.com/view/7696c9dfb14e852458fb5755.html.